理工系
物理学の基礎
力学

在田 謙一郎 著

培風館

はじめに

力学は力と運動の関係を記述する，自然科学の根底を支える学問である．本書では，精密な観測事実に基づきニュートンによって構築された“ニュートン力学”の基礎について学ぶ．ニュートン力学は「ニュートンの運動の 3 法則」という 3 つの公理からつむぎ出される物理体系であり，微粒子の振舞から天体の運行にいたる広いスケールにおける物体の運動をきわめて精密に記述できることが知られている．原子・分子レベルの現象や，光速にせまる超高速状態，きわめて強い重力下などでは量子論や相対論による修正を受けるが，それら一般化された現代物理学の根底は古典ニュートン力学の基本的な考え方によって支えられている．大学初年度で力学を学ぶ目的は，ニュートンの基本法則から導かれる物体の運動に秘められた普遍的性質と，自然界に存在するさまざまな種類の力がもつ基本的な性質を知り，それを具体的な物体の運動の記述に応用する手法を学ぶことである．

本書は理工系大学初学年の力学の半期講義 (15 週) での使用を想定して執筆した．高等学校での「物理学」の履修は必ずしも前提としない．高校物理で既習の内容であっても，物理的な意味を掘り下げて新しい知見が得られるよう記述を工夫した．例えば運動エネルギーや角運動量など，他書では十分な理由づけなく唐突に定義が与えられることが多いものについて，それらの量が導かれるプロセスや，物理法則を考えるうえでの意義が明確になるようにした．微分・積分法や初等関数 (三角関数，指数および対数関数など) の基本的な公式に関する知識は前提とする．微分・積分法の活用は大学で学ぶ物理学において重要な位置を占めており，力学の学習は多くの読者にとって，物理現象の記述に対する微積分法の威力を知り，この数学の力で基本原理からさまざまな物理法則を導く醍醐味を味わう最初の貴重な経験となるであろう．5.2 節では回転座標変換の記述に行列を利用したが，この部分は他の章と独立の内容となっているので，線形代数の学習状況によってはスキップして先に進んでもらっても構わない．全体をとおして説明が冗長にならないよう簡潔で明快な記述をこころがけ，「問」で定理や法則の計算過程を確認し，「例題」でそれらの活用法を習得できるように構成した．なお，各章末の演習問題にはやや難易度の高いものや，本文中で扱い切れなかった内容を補足するものも採用してある．本書がこれから理工学を学ぼうとする読者に力学への新鮮な興味を喚起し，さらなる学習への端緒となれば幸いである．

原稿は入念に点検を行ったが，刊行後に誤り等が見つかった場合は以下のウェブページの正誤表に随時追記していく予定である．

https://nt.web.nitech.ac.jp/book/

本書の執筆を勧めてくださり，原稿に目を通して多くの適切な助言をくださった名古屋工業大学の大原繁男氏，執筆過程で大変お世話になった培風館の斉藤 淳氏，岩田誠司氏ほか編集部各位に心より感謝の意を表する．

2021 年 9 月

著者しるす

目　　次

本書で用いる各種記号および表記法について

- 重要な物理用語は初出時にゴシック体 (太字) で表記し，括弧内に英語を付す．日本語の用語のあいまいな点が英語により明確になることもある．また，今後英語の文献を読んだり英語で論文やレポートを書くための準備としても，日本語と英語をセットで覚えていくとよいだろう．
- 物理量を表す記号にはアルファベットまたはギリシャ文字のイタリック体 (斜字体) を用いる．スカラー量は細字の斜字体，ベクトル量は太字の斜字体で表す (☞ 第 1 章冒頭)．これらは物理学の文献での標準的な表記法となっている．
- 物理量 A の時間変化率，すなわち時間 t による微分 $\dfrac{dA}{dt}$ を記号 $\dot{A}$ で表す (☞ 1.3 節)．なお，時間以外の変数 x による 1 変数関数 $f(x)$ の微分 $\dfrac{df}{dx}$ には記号 $f'(x)$ を用いる．
- 式 $A \equiv B$ は，A を B によって定義することを表す．
- 式 $A \simeq B$ は B が A に対する近似式，あるいは近似値であることを表す．
- 正の量 A, B に関する不等式 $A \gg B\,(A \ll B)$ は A が B にくらべて極度に大きい (小さい) ことを表す．
- ベクトルの成分表示について：回転変換など，ベクトルの線形変換を行列で表す場合，ベクトルは，その成分を縦に並べた列ベクトルを用いて

$$\boldsymbol{A} = \begin{pmatrix} A_x \\ A_y \\ A_z \end{pmatrix}$$

のように表す必要がある (☞ 5.2 節) が，列ベクトルと行ベクトルの区別が必要ない場合は便宜上，成分を横に並べた

$$\boldsymbol{A} = (A_x, A_y, A_z)$$

のような表記を用いる．
- ベクトル $\boldsymbol{A}$ とベクトル $\boldsymbol{B}$ の内積 (スカラー積) を $\boldsymbol{A} \cdot \boldsymbol{B}$，外積 (ベクトル積 ☞ 7.2.1 項) を $\boldsymbol{A} \times \boldsymbol{B}$ で表す．
- z^* は複素数 z の複素共役を表す．

1
運動の表し方

力学とは，物体に力がはたらいたときに物体の状態が時間とともにどのように変化していくかを記述する学問体系である．第1章では，物体の運動状態を表現するための数学的手法について説明する．

■ 物理量の表記について

力学の内容に入るまえに，本書での物理量の表記法について述べておこう．物理量には，大きさだけをもつ**スカラー量**と，大きさと向きをもつ**ベクトル量**がある．物理量を表す記号には，斜字体 (イタリック体) の英字やギリシャ文字を用いる．ベクトル量には，スカラー量と区別するため太い斜字体 (ボールドイタリック体) を用いる．この表記法は，物理学分野の書籍や論文等で広く採用されている．ただし，講義の板書やノートに手書きする場合には太字は不便なので，太字に替えて文字の一部を二重線にした表1.1のような書き方がよく用いられる．

表 1.1　ベクトルの表記のための書体例

印刷物	$\boldsymbol{A}$	$\boldsymbol{E}$	$\boldsymbol{M}$	$\boldsymbol{a}$	$\boldsymbol{e}$	$\boldsymbol{m}$	$\boldsymbol{\alpha}$	$\boldsymbol{\epsilon}$	$\boldsymbol{\mu}$
手書き	$\mathbb{A}$	$\mathbb{E}$	$\mathbb{M}$	$\mathbb{a}$	$\mathbb{e}$	$\mathbb{m}$	$\mathbb{\alpha}$	$\mathbb{\varepsilon}$	$\mathbb{\mu}$

ベクトルの成分表示は

$$\boldsymbol{A} = (A_x, A_y, A_z) \tag{1.1}$$

のように表記する．なお成分 A_i $(i = x, y, z)$ は，ベクトル $\boldsymbol{A}$ が i 方向へどれだけ偏っているかを表す量で，それ自体はベクトルではないので太字にはしない．

1.1　位置と座標

我々は物体の運動を表現する際，物体の空間的な配置を**座標** (coordinate) という数値の組に対応づけ，その値が時間とともにどのように変化するかを数学的に記述する．位置と座標とを結びつける規則を**座標系** (coordinate system) という．座標系にはいろいろな種類があり，問題の内容に応じて適切な座標系を選ぶことが重要である．

■ 平面座標系

平面上の点 P の位置は，**デカルト座標** (Cartesian coordinate)(直交直線座標) や**極座標** (polar coordinate) などで表される．デカルト座標 (x, y) は図 1.1 のように，原点 O をとおる互いに直交する 2 つの座標軸 (x 軸，y 軸) により定義される．本書では，式 (1.1) のような成分表示はもっぱらデカルト座標表示に対して用いるので，ベクトルが成分表示されている場合はすべてデカルト座標系の成分と考えてもらえばよい．平面極座標 (r, θ) は，線分 OP の長さ $r = \overline{\mathrm{OP}}$ と，線分 OP の向きを基準線 (通常 x 軸に選ばれる) から反時計まわりに測った方位角 θ により定義される．線分 OP を**動径** (radius)，ベクトル $\overrightarrow{\mathrm{OP}}$ の方向を動径方向 (radial direction) という．

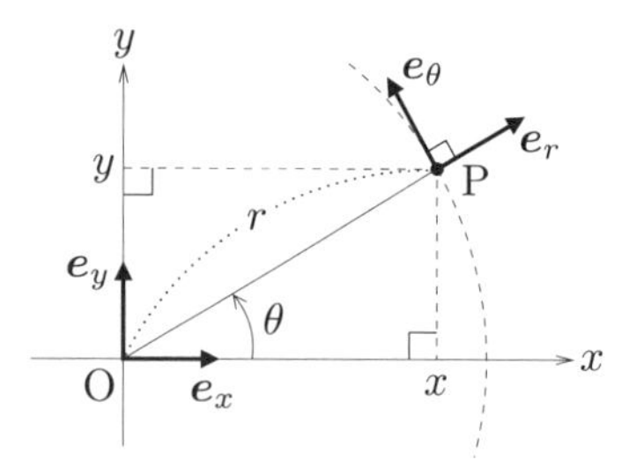

図 1.1　平面上の点 P を示すデカルト座標 (x, y) と極座標 (r, θ)

与えられた座標系において，ある一つの座標値のみを変化させる向きは特別な意味をもち，その向きをもつ単位ベクトル[1]を座標系の**基本ベクトル** (basis vector) という．デカルト座標系の基本ベクトルは，x 軸，y 軸の向きをもつ単位ベクトル

$$\boldsymbol{e}_x = (1, 0), \quad \boldsymbol{e}_y = (0, 1) \tag{1.2}$$

である．原点 O から点 P を指すベクトル $\boldsymbol{r} = \overrightarrow{\mathrm{OP}}$ を，点 P の**位置ベクトル**と

---

1)　向きの情報だけをもつ，大きさ 1 に規格化された無次元 (長さなどの物理次元をもたない意，☞ 2.4 節) のベクトルを**単位ベクトル** (unit vector) という．

いう．位置ベクトルは基本ベクトルの線形結合により

$$\boldsymbol{r} = (x, y) = x\boldsymbol{e}_x + y\boldsymbol{e}_y \tag{1.3}$$

と表される．

極座標系の基本ベクトルは，動径方向の単位ベクトル $\boldsymbol{e}_r$ と，O を中心として半径 OP の円の接線方向 (方位角方向) の単位ベクトル $\boldsymbol{e}_\theta$ であり，それらのデカルト座標成分表示は

$$\boldsymbol{e}_r = (\cos\theta, \sin\theta), \quad \boldsymbol{e}_\theta = (-\sin\theta, \cos\theta) \tag{1.4}$$

である．位置ベクトルは

$$\boldsymbol{r} = r\boldsymbol{e}_r \tag{1.5}$$

と表され，デカルト座標を極座標で表す関係式は

$$x = r\cos\theta, \quad y = r\sin\theta, \tag{1.6}$$

また，極座標をデカルト座標で表す関係式は

$$\begin{cases} r = \sqrt{x^2 + y^2}, \\ \tan\theta = \dfrac{y}{x} \quad \text{より} \quad \theta = \mathrm{Tan}^{-1}\dfrac{y}{x} + n\pi \end{cases} \tag{1.7}$$

で与えられる．ここで逆正接関数の主値 Tan^{-1} の値域は $\left(-\dfrac{\pi}{2}, \dfrac{\pi}{2}\right)$ であり，整数 n は $x > 0$ のとき偶数，$x < 0$ のとき奇数の値をとる，参考までに，このような n に対する場合分けは

$$\tan\frac{\theta}{2} = \frac{\sin\theta}{1 + \cos\theta} = \frac{y}{\sqrt{x^2 + y^2} + x} \quad \text{より，}$$

$$\theta = 2\,\mathrm{Tan}^{-1}\frac{y}{\sqrt{x^2 + y^2} + x}$$

として回避できることを記しておく[2)]．なお，θ は複素数 $z = x + iy$ の**偏角** (argument) であり，

$$\theta = \arg(x + iy) \tag{1.8}$$

と表すこともできる (☞ 付録 A.2)．

2) Fortran，C をはじめとする多くのプログラミング言語には (x, y) から θ を直接求めるための `atan2(y,x)` という関数が用意されている．

デカルト座標系および極座標系では異なる基本ベクトルどうしは直交し，それらの内積は 0 ($\boldsymbol{e}_x \cdot \boldsymbol{e}_y = 0,\ \boldsymbol{e}_r \cdot \boldsymbol{e}_\theta = 0$) である．そのような座標系を**直交座標系** (orthogonal coordinate system) という．

例題 1.1 座標系の変換

(1) 平面極座標 $r = 2,\ \theta = \dfrac{3}{4}\pi$ をデカルト座標で表せ．

(2) 平面のデカルト座標 $(-1, -\sqrt{3})$ を極座標で表せ．

【解答】 (1) $(x, y) = (r\cos\theta, r\sin\theta) = (-\sqrt{2}, \sqrt{2})$.

(2) $r = \sqrt{x^2 + y^2} = 2,\ \tan\theta = \dfrac{y}{x} = \sqrt{3}$，第 3 象限なので $\theta = -\dfrac{2\pi}{3}$. □

* * * * *

ベクトルを，基本ベクトルの線形結合で表したときの各係数が，その座標系における成分を表す．デカルト座標系では，任意のベクトル $\boldsymbol{A}$ は

$$\boldsymbol{A} = A_x \boldsymbol{e}_x + A_y \boldsymbol{e}_y \tag{1.9}$$

の形で一意的に表され，この係数 A_x および A_y がそれぞれベクトル $\boldsymbol{A}$ の x 成分および y 成分である．基本ベクトル $\boldsymbol{e}_x$ と $\boldsymbol{e}_y$ とが直交することから，

$$A_x = \boldsymbol{A} \cdot \boldsymbol{e}_x, \quad A_y = \boldsymbol{A} \cdot \boldsymbol{e}_y \tag{1.10}$$

が成り立っている．極座標系では

$$\boldsymbol{A} = A_r \boldsymbol{e}_r + A_\theta \boldsymbol{e}_\theta \tag{1.11}$$

と表され，係数 A_r, A_θ がそれぞれベクトル $\boldsymbol{A}$ の r 成分 (動径成分) および θ 成分 (方位角成分) である．基本ベクトル $\boldsymbol{e}_r$ と $\boldsymbol{e}_\theta$ とが直交することを用いると，デカルト座標系と同様に

$$A_r = \boldsymbol{A} \cdot \boldsymbol{e}_r, \quad A_\theta = \boldsymbol{A} \cdot \boldsymbol{e}_\theta \tag{1.12}$$

が成り立つことがわかる．

デカルト座標系でのベクトルの成分は，明らかに任意の平行移動に対して不変である．これに対して極座標系でのベクトルの成分は，図 1.2 に示すように原点のまわりの回転および動径方向への並進に対して不変である．

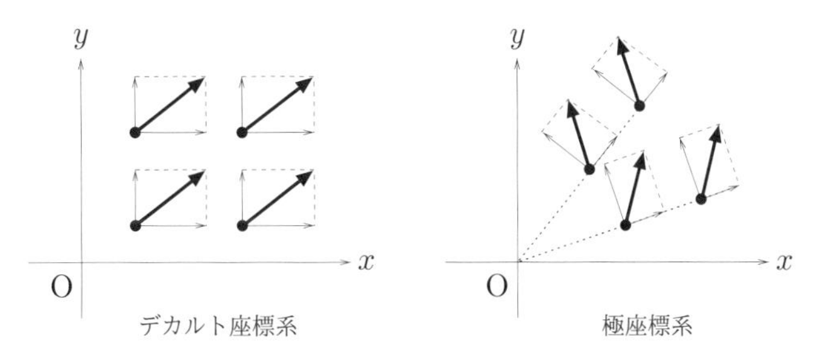

図 1.2 同一の座標成分をもつベクトル

例題 1.2 ベクトルの極座標成分

(x, y) 平面上の位置 (x_0, y_0) において成分 $\boldsymbol{A} = (a, 0)$ をもつベクトルの極座標成分 A_r および A_θ を求めよ．

【解答】 点 (x_0, y_0) におけるベクトル $\boldsymbol{A}$ は右図に示すように r 方向と θ 方向の成分に分解される．$r_0 = \sqrt{x_0^2 + y_0^2}$ とおくと，極座標系の基本ベクトルは

$$\boldsymbol{e}_r = \frac{1}{r_0}(x_0, y_0), \quad \boldsymbol{e}_\theta = \frac{1}{r_0}(-y_0, x_0)$$

と書けるので，極座標成分 A_r, A_θ は

$$A_r = \boldsymbol{A} \cdot \boldsymbol{e}_r = \frac{ax_0}{r_0},$$

$$A_\theta = \boldsymbol{A} \cdot \boldsymbol{e}_\theta = -\frac{ay_0}{r_0}.$$

□

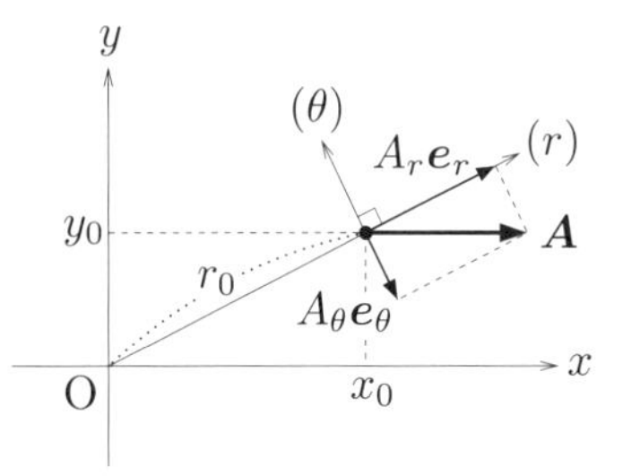

図 1.3

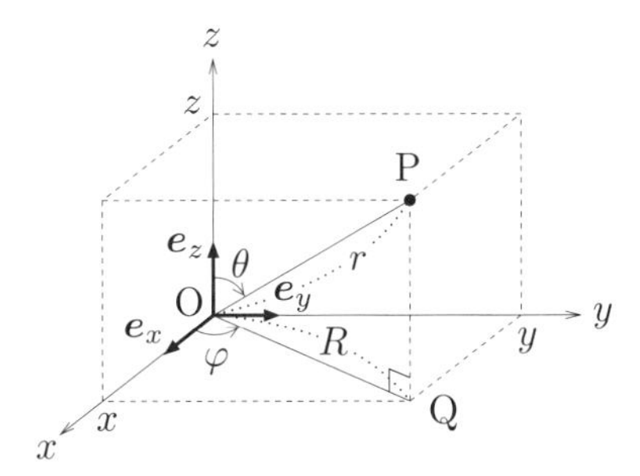

図 1.4 空間中の点 P を示すデカルト座標 (x, y, z)，円柱座標 (R, φ, z)，および極座標 (r, θ, φ)

■ 空間座標系

空間中の点 P の位置を表す場合は，デカルト座標，**円柱座標** (cylindrical coordinate)，極座標[3] が主要な座標として用いられる (図 1.4).

空間のデカルト座標系においては，x 軸と y 軸を決めたあと，z 軸の選び方に二通りの方法がある．通常は，x, y, z 軸の向きがそれぞれ右手の親指，人差し指，中指を互いに直交するよう伸ばしたときの向きに一致するよう定め，これを右手系という．この z 軸の向きは，x 軸を y 軸に重なるよう回転させる向きに回した右ネジの進む向きと覚えておくのも便利であろう (図 1.5).

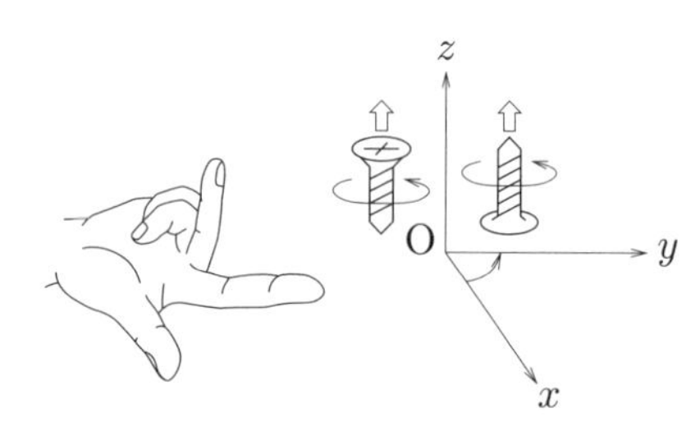

図 1.5 右手系と右ネジの関係

円柱座標系は，デカルト座標のうちの (x, y) を平面極座標 (R, φ) で置き換えて (R, φ, z) の 3 つを座標に用いるもので，軸対称な問題を扱う場合に便利である．極座標系では，点 P の原点 O からの距離 (動径) $r = \overline{\mathrm{OP}}$，原点 O を通る基準線 (極軸，通常 z 軸に選ぶ) から線分 OP を測った極角 θ $(0 \le \theta \le \pi)$，および線分 OP の (x, y) 平面上への射影 OQ を x 軸から測った方位角 φ $(0 \le \varphi < 2\pi)$ の 3 つを座標として用いる．極座標系は球対称な問題を扱う場合に都合がよい．

問 1.1 空間の極座標 (r, θ, φ) を用いてデカルト座標 (x, y, z) を表せ．

[答：$x = r\sin\theta\cos\varphi$, $y = r\sin\theta\sin\varphi$, $z = r\cos\theta$]

1.2 物体の運動と質点

物体の**運動** (motion) とは，物体の位置や形状が時間とともに変化することをいう．一般に物体は大きさをもっており，力を加えるとその状態 (位置や形，大きさ) が変化する．しかし，形状 (形や大きさ) の変化が十分小さい場合には，形状変化を起こさない**剛体** (rigid body) という理想的な物体を仮定してその運動を扱うことができる．剛体の運動は，その代表点 (質量中心) の並進運動と，

3) 3 次元極座標を**球座標** (spherical coordinate) ともいう．

代表点のまわりの回転運動の組合せで表される (☞ 第 9 章). また, 回転運動が並進運動に影響を及ぼさないとき, 並進運動のみに着目して物体の運動を考える場合には, 空間内での物体の配置に関してその代表点の位置だけを知ればよい. このとき物体は, その代表点の位置に質量をもたせた**質点** (point mass) として取り扱うことができる. 本書の前半では主として質点の運動を扱うが, そこでは多くの場合, 実際には大きさをもった物体の運動のうちの並進運動のみに着目していると考えてよい.

1.3　速度と加速度

■ 変　位

位置の変化を表すベクトル量を**変位** (displacement) という. 質点の位置が点 P_1 から点 P_2 に移動したとき, 始点と終点の位置ベクトルをそれぞれ $\boldsymbol{r}_1 = (x_1, y_1, z_1)$, $\boldsymbol{r}_2 = (x_2, y_2, z_2)$ とすると, 変位はそれらの差で

$$\overrightarrow{\mathrm{P}_1\mathrm{P}_2} = \boldsymbol{r}_2 - \boldsymbol{r}_1 = (x_2 - x_1,\ y_2 - y_1,\ z_2 - z_1) \tag{1.13}$$

と表される.

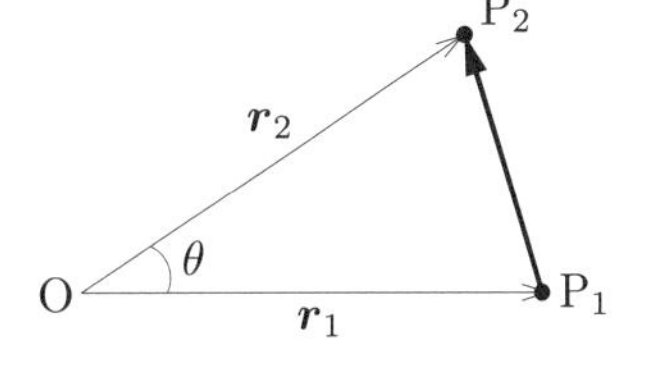

図 1.6　位置ベクトルと変位

問 1.2　変位の大きさ $\overline{\mathrm{P}_1\mathrm{P}_2} = |\boldsymbol{r}_2 - \boldsymbol{r}_1|$ を, $r_1 = |\boldsymbol{r}_1|$, $r_2 = |\boldsymbol{r}_2|$ および $\boldsymbol{r}_1$ と $\boldsymbol{r}_2$ がなす角 θ を用いて表せ. [答: $|\boldsymbol{r}_1 - \boldsymbol{r}_2| = \sqrt{r_1^2 + r_2^2 - 2r_1r_2\cos\theta}$]

■ 速　度

速度 (velocity) は, 単位時間あたりの変位を表すベクトル量であり, 質点の運動状態を特徴づける. 位置ベクトルが時刻 t の関数 $\boldsymbol{r}(t) = (x(t), y(t), z(t))$ であるとき, 時刻 t から微小時間 Δt の間の変位 $\Delta\boldsymbol{r}$ は

$$\Delta\boldsymbol{r} = \boldsymbol{r}(t + \Delta t) - \boldsymbol{r}(t) \tag{1.14}$$

と表される. これを単位時間あたりに換算した量

$$\bar{\boldsymbol{v}} = \frac{\Delta\boldsymbol{r}}{\Delta t} = \frac{\boldsymbol{r}(t + \Delta t) - \boldsymbol{r}(t)}{\Delta t} \tag{1.15}$$

が時間 $\varDelta t$ の間の平均速度である．ここで $\varDelta t$ を 0 に近づける極限をとることにより，時刻 t における (瞬間の) 速度 $\boldsymbol{v}(t)$ が

$$\begin{aligned}\boldsymbol{v}(t) &= \lim_{\varDelta t\to 0}\frac{\boldsymbol{r}(t+\varDelta t)-\boldsymbol{r}(t)}{\varDelta t}\\ &= \frac{d\boldsymbol{r}(t)}{dt} = \left(\frac{dx(t)}{dt}, \frac{dy(t)}{dt}, \frac{dz(t)}{dt}\right)\end{aligned} \tag{1.16}$$

のように位置ベクトルの微分で定義される．

ここで，物理量の時間に関する微分を上付きのドットで表す表記法を導入する．例えば，時間 t とともに変化する物理量 $A(t)$ の時間微分を $\dot{A} \equiv \dfrac{dA}{dt}$ のように表す．この記号を用いると，式 (1.16) の速度ベクトルは

$$\boldsymbol{v}(t) = \dot{\boldsymbol{r}}(t) = (\dot{x}(t), \dot{y}(t), \dot{z}(t))$$

のように表すことができる．時間での 2 階微分には $\ddot{A} \equiv \dfrac{d^2A}{dt^2}$ のようにドットを 2 つ付ける．物理量の時間変化率を多用する物理法則の記述において，この記法は式を簡潔に表現するうえで非常に有用であり，物理学全般で広く用いられている．

速度の大きさ $v(t) = |\boldsymbol{v}(t)|$ を**速さ** (speed) という．また，速度の向きは質点が描く軌道の接線の向きに一致する．例えば (x, y) 平面上の運動において，ある微小時間 $\varDelta t$ の間の x 方向の変位を $\varDelta x$，y 方向の変位を $\varDelta y$ とすると，軌道曲線の傾きは

$$\frac{\varDelta y}{\varDelta x} = \frac{\varDelta y/\varDelta t}{\varDelta x/\varDelta t} = \frac{v_y}{v_x}$$

のように，速度 $\boldsymbol{v} = (v_x, v_y)$ の傾きに一致することがわかる．

速度が一定の運動を**等速度運動**という．この一定の速度を $\boldsymbol{v}_0$ とすると

$$\dot{\boldsymbol{r}}(t) = \boldsymbol{v}_0 \tag{1.17}$$

であるから，位置ベクトルは時間 t の関数として

$$\boldsymbol{r}(t) = \boldsymbol{r}_0 + \boldsymbol{v}_0\, t \tag{1.18}$$

と表される．ここで $\boldsymbol{r}_0$ は時刻 $t = 0$ での初期位置を表す定ベクトルである．これは時間 t をパラメータとする直線の式であり，速度が一定の質点は直線軌道を描く．そのため等速度運動を**等速直線運動** (速さが一定の直線運動の意) ともいう．

■ 加速度

運動状態の時間変化, すなわち速度の時間変化を表すのが**加速度** (acceleration) である. 時刻 t での速度を $\boldsymbol{v}(t)$ とすると, 加速度 $\boldsymbol{a}(t)$ は, 単位時間あたりの速度変化率を表すベクトル量として

$$\boldsymbol{a}(t) = \lim_{\Delta t \to 0} \frac{\boldsymbol{v}(t+\Delta t) - \boldsymbol{v}(t)}{\Delta t} = \frac{d\boldsymbol{v}(t)}{dt} = \dot{\boldsymbol{v}}(t)$$
$$= \frac{d^2 \boldsymbol{r}(r)}{dt^2} = \ddot{\boldsymbol{r}}(t) \tag{1.19}$$

で定義される. 加速度は速度の時間に関する微分であり, したがって, 位置ベクトルの時間に関する 2 階微分になっている. 加速度が一定である運動を**等加速度運動**という. この一定の加速度を $\boldsymbol{a}_0$ とすると

$$\dot{\boldsymbol{v}}(t) = \boldsymbol{a}_0$$

であるから, 速度 $\boldsymbol{v}$ および位置ベクトル $\boldsymbol{r}$ はそれぞれ時間の関数として

$$\boldsymbol{v}(t) = \dot{\boldsymbol{r}}(t) = \boldsymbol{v}_0 + \boldsymbol{a}_0 t,$$
$$\boldsymbol{r}(t) = \boldsymbol{r}_0 + \boldsymbol{v}_0 t + \tfrac{1}{2}\boldsymbol{a}_0 t^2 \tag{1.20}$$

となる. ここで $\boldsymbol{v}_0$, $\boldsymbol{r}_0$ はそれぞれ時刻 $t = 0$ での初速度および初期位置を表す.

$\boldsymbol{v}_0$ が $\boldsymbol{a}_0$ に平行であるとき質点は直線軌道を描くが, このような運動を**等加速度直線運動**という. 一方, $\boldsymbol{v}_0$ と $\boldsymbol{a}_0$ の方向が異なるときは, 一般に質点は $\boldsymbol{v}_0$ と $\boldsymbol{a}_0$ がつくる平面内で放物線軌道を描く. このことを以下に示そう. $t = 0$ における質点の位置を原点とし, 加速度の向きを y 軸, 初速度と加速度を含む平面 (運動平面) を (x, y) 平面に選び, $\boldsymbol{a}_0 = (0, a_0)$, $\boldsymbol{v}_0 = (v_{0x}, v_{0y})$ とすると, 時刻 t における位置座標は

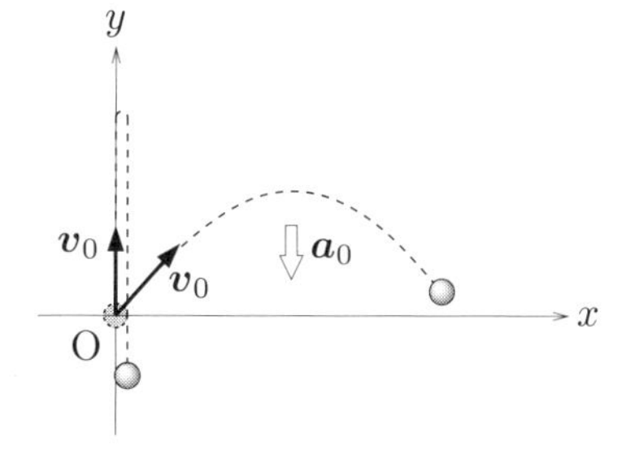

図 1.7 等加速度直線運動と放物線運動

$$x(t) = v_{0x} t,$$
$$y(t) = v_{0y} t + \tfrac{1}{2} a_0 t^2 \tag{1.21}$$

となり，$x(t)$, $y(t)$ から t を消去することにより放物線軌道の式

$$y = \frac{v_{0y}}{v_{0x}}x + \frac{a_0}{2v_{0x}^2}x^2 \tag{1.22}$$

が得られる．初速度と加速度が平行，すなわち $v_{0x} = 0$ であれば，式 (1.21) より軌道は直線 $x = 0$ となる．

1.4 平面極座標での速度と加速度

次に，(x, y) 平面上の運動を平面極座標 (r, θ) を用いて表してみよう．位置ベクトル (1.5) を時間で微分することにより速度，さらに速度を時間で微分することにより加速度が得られるが，この微分の際に，基本ベクトル (1.4) が角度 θ に依存していることに注意が必要である．質点の運動にともなって θ は一般に変化するので基本ベクトル $\boldsymbol{e}_r$, $\boldsymbol{e}_\theta$ も時間とともに変化し，それらの時間変化率は

$$\dot{\boldsymbol{e}}_r = \dot{\theta}\frac{d}{d\theta}(\cos\theta, \sin\theta) = \omega(-\sin\theta, \cos\theta) = \omega\boldsymbol{e}_\theta, \tag{1.23}$$

$$\dot{\boldsymbol{e}}_\theta = \dot{\theta}\frac{d}{d\theta}(-\sin\theta, \cos\theta) = \omega(-\cos\theta, -\sin\theta) = -\omega\boldsymbol{e}_r \tag{1.24}$$

と表される．角度 θ の時間変化率 $\omega \equiv \dot{\theta}$ を**角速度** (angular velocity)[4] という．これを用いて速度 $\boldsymbol{v}$ の極座標成分 v_r, v_θ は

$$\begin{aligned} &\boldsymbol{v} = \frac{d}{dt}(r\boldsymbol{e}_r) = \dot{r}\boldsymbol{e}_r + r\omega\boldsymbol{e}_\theta, \\ &\therefore\ v_r = \dot{r}, \quad v_\theta = r\omega, \end{aligned} \tag{1.25}$$

加速度 $\boldsymbol{a}$ の極座標成分 a_r, a_θ は

$$\begin{aligned} &\boldsymbol{a} = \frac{d}{dt}(\dot{r}\boldsymbol{e}_r + r\omega\boldsymbol{e}_\theta) = (\ddot{r} - r\omega^2)\boldsymbol{e}_r + (2\dot{r}\omega + r\dot{\omega})\boldsymbol{e}_\theta, \\ &\therefore\ a_r = \ddot{r} - r\omega^2, \quad a_\theta = 2\dot{r}\omega + r\dot{\omega} \end{aligned} \tag{1.26}$$

となる．

4) 3 次元空間での回転に対する角速度は回転軸の向きをもつベクトルであるが，平面上の回転では回転軸は運動平面に垂直な方向に定まっており，角速度をスカラーとして扱う．

■ 円運動

原点を中心とする半径 r_0 の円運動では，$r = r_0, \dot{r} = 0, \ddot{r} = 0$ であるから，速度 $\boldsymbol{v}$ は

$$\boldsymbol{v} = r_0\omega\boldsymbol{e}_\theta = v\boldsymbol{e}_\theta, \tag{1.27}$$

加速度 $\boldsymbol{a}$ は

$$\begin{aligned}\boldsymbol{a} &= -r_0\omega^2\boldsymbol{e}_r + r_0\dot{\omega}\boldsymbol{e}_\theta \\ &= -\frac{v^2}{r_0}\boldsymbol{e}_r + \dot{v}\boldsymbol{e}_\theta\end{aligned} \tag{1.28}$$

と書ける．特に角速度が一定 $(\omega = \omega_0)$ の円運動 (**等速円運動**) では $\dot{\omega} = 0$ であり，速さ v も一定 $(v = v_0 = r_0\omega_0)$ なので，

$$\begin{aligned}\boldsymbol{v} &= r_0\omega_0\boldsymbol{e}_\theta = v_0\boldsymbol{e}_\theta, \\ \boldsymbol{a} &= -r_0\omega_0^2\boldsymbol{e}_r = -\frac{v_0^2}{r_0}\boldsymbol{e}_r\end{aligned} \tag{1.29}$$

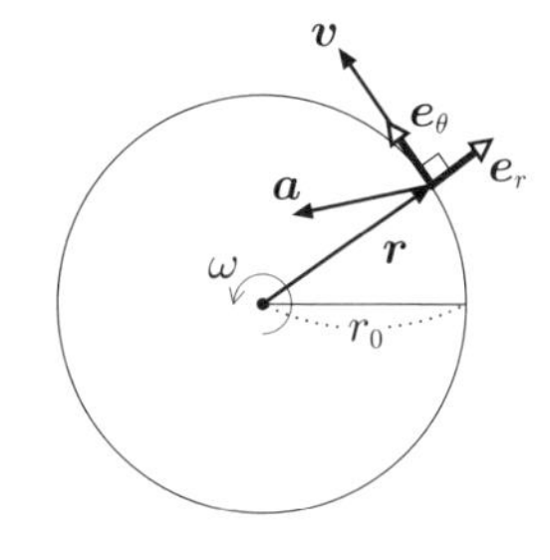

図 1.8 円運動の速度と加速度

となる．このとき加速度は円の中心を向いており，**向心加速度**とよばれる．このような速度に垂直な加速度は，速度の大きさを変えず向きだけを変化させる．

例題 1.3

質点が半径 r_0 の円軌道上を速さ $v(t) = v_0 + \alpha t$ で運動するとき，質点の加速度の極座標成分を求めよ．

【解答】 質点の速度 $\boldsymbol{v}$ および回転の角速度 ω は，それぞれ

$$\boldsymbol{v} = (v_0 + \alpha t)\boldsymbol{e}_\theta, \quad \omega = \frac{v}{r_0} = \frac{v_0 + \alpha t}{r_0}.$$

よって，加速度 $\boldsymbol{a}$ の極座標成分 a_r および a_θ は

$$\boldsymbol{a} = \dot{\boldsymbol{v}} = \alpha\boldsymbol{e}_\theta - (v_0 + \alpha t)\omega\boldsymbol{e}_r = \alpha\boldsymbol{e}_\theta - \frac{(v_0 + \alpha t)^2}{r_0}\boldsymbol{e}_r,$$

$$\therefore\ a_r = -\frac{(v_0 + \alpha t)^2}{r_0}, \quad a_\theta = \alpha.$$

□

■ 一般の曲線運動

なめらかな曲線軌道に沿った運動は，各点の近傍で近似的に円の一部とみなせる．この円の半径 R を**曲率半径** (curvature radius)，その逆数 $K = \dfrac{1}{R}$ を**曲率** (curvature) という．曲率半径はゆるやかなカーブでは長く，急なカーブでは短い．図 1.9 のように，円の接線方向の単位ベクトルを $\boldsymbol{e}_t$，それに垂直な向きの単位ベクトルを $\boldsymbol{e}_n$ とすると，$\boldsymbol{e}_n$, $\boldsymbol{e}_t$ はこの円の中心を原点とする極座標の基本ベクトルとなる．よって速度 $\boldsymbol{v}$ と加速度 $\boldsymbol{a}$ は式 (1.27), (1.28) より，それぞれ

$$\boldsymbol{v} = v\boldsymbol{e}_t,$$
$$\boldsymbol{a} = -\frac{v^2}{R}\boldsymbol{e}_n + \dot{v}\boldsymbol{e}_t$$

と書ける．$a_n = -\dfrac{v^2}{R}$ および $a_t = \dot{v}$ が，それぞれ法線 (normal) 方向および接線 (tangential) 方向の加速度成分を表している．一般に等速運動 $(\dot{v} = 0)$ では加速度は法線方向の成分のみをもち，速度に垂直である．

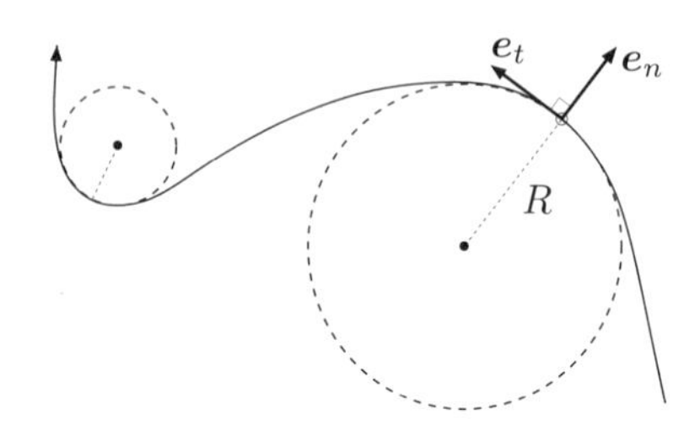

図 1.9 曲線軌道と曲率半径

演習問題 1

1.1 地球を半径 6400 km の球体として，地表の赤道上に静止している物体の地球の自転による速度と加速度の大きさを求めよ．また，地球が太陽を中心とする半径 1.5×10^8 km の円軌道に沿って公転しているとして，地球の公転運動の速度と加速度の大きさを求めよ．

1.2 平面上を，断面の半径が a の円柱が転がるとき，下図のように円柱の進行方向に x 軸，平面に垂直に y 軸をとると，円柱の側面上の点 P が描く軌跡（サイクロイ

ド）は円柱の回転角 θ をパラメータとして $\big(a(\theta - \sin\theta), a(1-\cos\theta)\big)$ と表される．円柱が一定の速さ $a\omega$ で転がるとき，点 P の速度と加速度を求めよ．

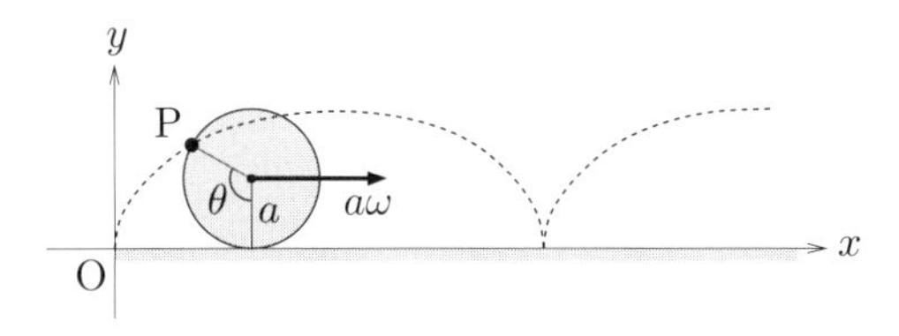

1.3 物体の x 軸に沿った運動を考える．時刻 $t=0$ に原点 $x=0$ に静止していた物体の $t \geq 0$ における加速度が $a(t) = \alpha e^{-\lambda t}$ (α, λ は定数) であるとき，時刻 $t \geq 0$ における物体の位置 $x(t)$ を求めよ．

1.4 (x, y) 平面上を運動する物体の時刻 t における位置が (a, bt) (a, b は定数) で表されるとき，物体の速度の平面極座標成分 v_r および v_θ を求めよ．また，原点のまわりの角速度を求めよ．

1.5 速度の 2 乗 $|\boldsymbol{v}|^2$ の時間微分を考えることにより，加速度が速度に対して常に垂直であれば運動は等速運動となることを示せ．

1.6 (x, y) 平面上の曲線 $y = f(x)$ の曲率半径 R は

$$R = \frac{\{1+(f')^2\}^{3/2}}{f''}$$

で与えられる．このことを用いて，振幅 A，周期 L の正弦曲線

$$y = A\sin\frac{2\pi x}{L}$$

に沿って一定の速さ v_0 で運動する質点の $y = A$ での加速度を求めよ．

2
質点の運動法則

本章では，力学の基礎となるニュートンの運動の法則について述べる．運動の法則を用いると，与えられた条件の下で物体の運動がどのように時間変化していくかを正確に予測することができる．

2.1 ニュートンの運動の 3 法則

イギリスの物理学者ニュートンは，物体の運動が以下に述べる 3 つの法則により支配されると仮定して力学の体系をつくり上げた．これらの法則の内容について順番にみていこう．

(1) 慣性の法則

物体の運動を観測する際，同じ物体の運動でも観測者が静止しているか並進運動しているか，あるいは回転しているかにより見え方が違い，その運動を支配する法則も変わってくる．この観測者の視点のことを**基準系** (frame of reference) という[1]．

物体 (ここでは質点) の運動状態はその速度により特徴づけられる．物体に作用してその運動状態を変化させるのが**力** (force) である．物体にはその運動状態を持続させようとする性質があり，これを**慣性** (inertia) という．物体の運動をある自然な基準系で観測すると，物体に力が作用しない限り物体の運動状態は変化しない，すなわち，物体は静止し続けるか一定の速度で直線運動する．これを**慣性の法則** (principle of inertia) という．慣性の法則が成り立つかどうかは基準系の選び方に依存し，慣性の法則が成り立つ基準系を**慣性基準系** (inertial

1) 位置と座標の対応規則に観測者の視点の選び方まで含めて「座標系」ということもある．

frame of reference) または**慣性系**，そうでないものを**非慣性系** (non–inertial frame) という．ニュートンの第一法則は以下のように述べられる．

> **ニュートンの第一法則**
> 慣性系という基準系が存在し，そこでは力が作用しない限り物体は静止し続けるか等速度運動する．

(2) 運動の法則 (運動方程式)

同じ力を及ぼしても物体によって運動状態の変化は異なるので，その変化の度合，すなわち慣性の強さを表す量として**慣性質量** (inertial mass) m が導入される．そのような慣性の異なる物体に応じた運動状態を表す量として，**運動量** (momentum)

$$\boldsymbol{p} = m\boldsymbol{v} \tag{2.1}$$

を定義しよう．物体に力がはたらいたときの運動状態の変化は運動量の変化として現れ，その時間変化は力に比例する．この比例係数を 1 として，ニュートンの第二法則は以下のように記述される．

> **ニュートンの第二法則**
> 慣性系において，物体の運動量の時間変化率は物体に作用する力に等しい．

この法則を式で表したものが**運動方程式** (equation of motion)

$$\dot{\boldsymbol{p}} = \boldsymbol{f} \tag{2.2}$$

である．慣性質量 m が時間によらず一定であれば，$\dot{\boldsymbol{p}} = m\dot{\boldsymbol{v}} = m\boldsymbol{a}$ より運動方程式は，

$$m\boldsymbol{a} = \boldsymbol{f} \tag{2.3}$$

となる．よって物体には力に比例する加速度が生じることがわかる．慣性質量 m が大きいほど，同じ加速度を生じさせるのに大きな力が必要となる．以下では慣性質量のことを単に**質量** (mass) とよぶ[2)]．

2) 物体の慣性の強さを表す慣性質量と，その物体にはたらく重力の強さを表す重力質量とは，それらの比の値があらゆる物体について等しく，このことから両者は「質量」という同一の物理量として扱われる (☞ 3.1 節)．

(3) 作用反作用の法則

物体1が他の物体2に力(作用)を及ぼすと，同時に，物体1は物体2から力(反作用)を受ける．この作用と反作用とは作用線(作用点をとおり力に平行な直線)が一致し，互いに逆向きで大きさが等しい．例えば物体を水平な床の上に置くと，物体にはたらく重力に等しい力で物体は床を鉛直下向きに押すが，その反作用として図2.1のように床から同じ大きさの力(垂直抗力)で鉛直上向きに押し返され，重力と床からの力とがつり合うことで物体は床の上に静止し続ける．このような物体の及ぼし合う力のあいだの関係を述べたものがニュートンの第三法則であり，**作用反作用の法則** (action–reaction law) ともよばれている．

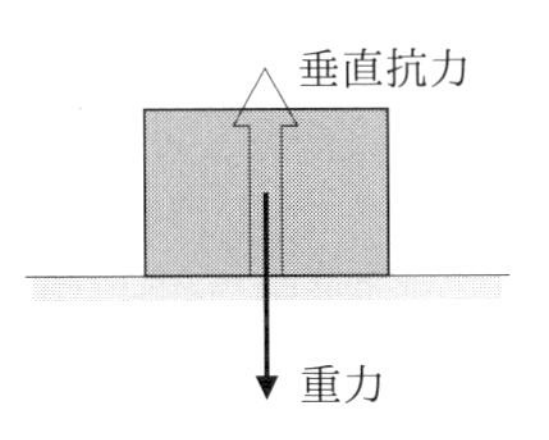

図 2.1 物体と床の間の作用と反作用

ニュートンの第三法則
物体が他の物体に力(作用)を及ぼすとき，同時にその物体から大きさが等しく逆向きの力(反作用)を同一作用線上に受ける．

上で述べた第一法則から第三法則までの3つの基本法則を仮定して構築される力学の体系を**ニュートン力学**という．ニュートン力学は，あらゆる物体の運動をきわめて正確に記述することが実験や観測により確かめられている．

2.2 力のつり合い

物体が静止しているとき，運動方程式より，その物体にはたらく正味の力は0である．静止した物体に2つ以上の力が同時にはたらいているとき，それらの力の和(合力)は0であり，その状態を**力のつり合い**という．

例題 2.1 物体が斜面から受ける力
斜面上に静止している物体が斜面から受ける力について考察せよ．

【解答】 物体には鉛直下向きの重力がはたらくが，物体は静止しているので物体にはたらく力はつり合っており，斜面は鉛直上向きに重力と同じ大きさの力 (抗力) を物体に及ぼす．これは物体が斜面を押す力に対する反作用である．図 2.2 に示すように斜面による抗力は，物体が斜面にめり込まないよう斜面に垂直方向に押し返す垂直抗力と，斜面をすべり落ちないよう支える斜面に沿って上向きの静止摩擦力 (☞ 3.4 節) に分解して考えることができる． □

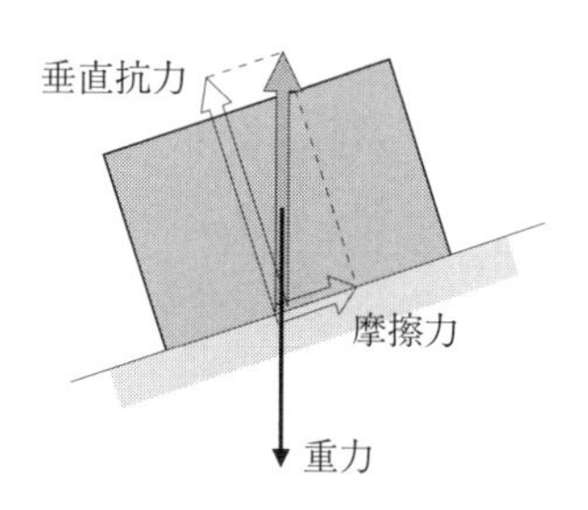

図 2.2 斜面に静止する物体にはたらく力のつり合い

＊ ＊ ＊ ＊ ＊

力のつり合いは，物体が静止している場合だけでなく，一定の速度で運動している場合にも成り立つ．

例題 2.2 ミリカンの油滴実験

電荷 q に帯電した油滴 (油の微粒子) を鉛直方向の電場中で落下させると，油滴には鉛直下向きの重力 F，電場 E による静電気力 qE および速度 v に比例する空気抵抗力 $-Rv$ (R は正の定数) がはたらき，これらがつり合って落下速度が一定となる[3)]．重力 F の測定は困難であるため，異なる強さの電場を加えたときの油滴の落下速度の違いから油滴の電荷を求めることを考える．鉛直下向きに電場 E_1 を加えたとき油滴の落下速度が v_1，電場 E_2 を加えたときの落下速度が v_2 であるとき，油滴の電荷 q を重力 F を用いずに表せ．

【解答】 電場 E_1, E_2 を加えた場合に対してそれぞれ油滴にはたらく重力，静電気力および空気抵抗力のつり合いの関係を記すと

$$F + qE_1 - Rv_1 = 0,$$
$$F + qE_2 - Rv_2 = 0.$$

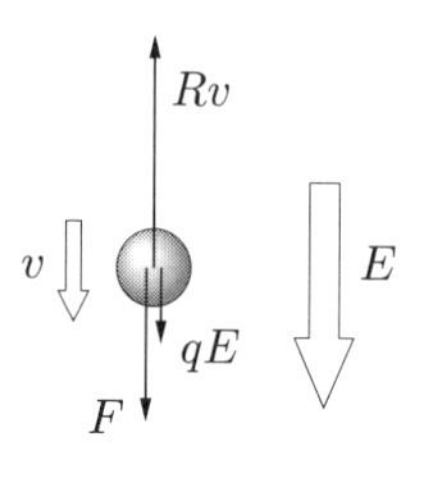

図 2.3

3) この速度を終端速度という (☞ 3.5 節).

辺々引き算して重力 F を消去すると,

$$q(E_1 - E_2) - R(v_1 - v_2) = 0, \quad \therefore\ q = \frac{R(v_1 - v_2)}{E_1 - E_2}. \qquad \square$$

2.3 運動方程式とその解

任意の時刻 t に物体にはたらく力が t の関数 $\boldsymbol{f}(t)$ としてわかっていれば,運動方程式より,加速度 $\boldsymbol{a}(t) = \dot{\boldsymbol{v}}(t)$ が

$$m\boldsymbol{a} = m\dot{\boldsymbol{v}} = \boldsymbol{f}(t), \quad \therefore\ \dot{\boldsymbol{v}} = \frac{1}{m}\boldsymbol{f}(t) \tag{2.4}$$

と求められる.この $\dot{\boldsymbol{v}}$ を時間で積分することにより $\boldsymbol{v}$ が得られるが,いま,時刻 $t = 0$ における速度 $\boldsymbol{v}(0)$ がわかっているとすると,上の式を時間について 0 から t まで定積分することにより

$$\int_0^t \dot{\boldsymbol{v}}(t')\,dt' = \frac{1}{m}\int_0^t \boldsymbol{f}(t')\,dt',$$

$$\therefore\ \boldsymbol{v}(t) = \boldsymbol{v}(0) + \frac{1}{m}\int_0^t \boldsymbol{f}(t')\,dt' \tag{2.5}$$

のように初期条件を考慮した解が求められる.さらに $\boldsymbol{v} = \dot{\boldsymbol{r}}$ より,式 (2.5) を時間について 0 から t まで定積分すると

$$\boldsymbol{r}(t) = \boldsymbol{r}(0) + \int_0^t \boldsymbol{v}(t')\,dt' \tag{2.6}$$

となる.このように運動方程式を時間について積分することにより,与えられた初期条件 (初期位置および初速度) に対して質点の位置 $\boldsymbol{r}$ を時間の関数として求めることができる.

力 $\boldsymbol{f}$ は一般に,質点の位置 $\boldsymbol{r}$,速度 $\boldsymbol{v}$ および時間 t の関数 $\boldsymbol{f}(\boldsymbol{r}, \boldsymbol{v}, t)$ として与えられる.このとき運動方程式は,

$$m\ddot{\boldsymbol{r}} = \boldsymbol{f}(\boldsymbol{r}, \dot{\boldsymbol{r}}, t) \tag{2.7}$$

のように,$\boldsymbol{r}$ とその時間微分 $\dot{\boldsymbol{r}}$, $\ddot{\boldsymbol{r}}$ を含む方程式 (2 階常微分方程式) の形に表される.この場合,力 $\boldsymbol{f}(t)$ を知るには運動方程式の解 $\boldsymbol{r}(t)$ が必要であるから式 (2.5)–(2.6) のような方法で積分を行うことはできないが,質点の運動状態の時間発展は,運動方程式により一意的に定められることを示そう.ここで,運動方程式 (2.7) を位置 $\boldsymbol{r}(t)$ と速度 $\dot{\boldsymbol{r}} = \boldsymbol{v}(t)$ に対する方程式と考えると,

$$\begin{cases} \dot{\boldsymbol{r}} = \boldsymbol{v}, \\ m\dot{\boldsymbol{v}} = \boldsymbol{f}(\boldsymbol{r}, \boldsymbol{v}, t) \end{cases} \tag{2.8}$$

のように時間に関する 1 階連立微分方程式の形に書き直すことができる．十分小さな時間間隔 Δt に対して上の方程式 (2.8) は

$$\begin{cases} \dfrac{\boldsymbol{r}(t+\Delta t) - \boldsymbol{r}(t)}{\Delta t} = \boldsymbol{v}(t), \\ \dfrac{\boldsymbol{v}(t+\Delta t) - \boldsymbol{v}(t)}{\Delta t} = \dfrac{1}{m}\boldsymbol{f}(\boldsymbol{r}(t), \boldsymbol{v}(t), t) \end{cases} \tag{2.9}$$

と表すことができるが，これらより

$$\begin{cases} \boldsymbol{r}(t+\Delta t) = \boldsymbol{r}(t) + \boldsymbol{v}(t)\Delta t, \\ \boldsymbol{v}(t+\Delta t) = \boldsymbol{v}(t) + \dfrac{1}{m}\boldsymbol{f}(\boldsymbol{r}(t), \boldsymbol{v}(t), t)\Delta t \end{cases} \tag{2.10}$$

のように，時刻 t での $\boldsymbol{r}$, $\boldsymbol{v}$ の値から微小時間 Δt 後の $\boldsymbol{r}$, $\boldsymbol{v}$ の値が求められる．したがって，$t = 0$ での位置 $\boldsymbol{r}(0)$ と速度 $\boldsymbol{v}(0)$ が与えられていれば，上の操作を繰り返すことにより，任意の時刻 $t > 0$ における $\boldsymbol{r}(t)$, $\boldsymbol{v}(t)$ の値が一意的に定まる．このように，与えられた初期条件 $\boldsymbol{r}(0)$, $\boldsymbol{v}(0)$ に対して運動方程式の解を求める問題を**初期値問題** (initial value problem) という．なお，運動方程式の解 $\boldsymbol{r}(t)$ を時間の関数として簡単な式で表すことができるかどうかは力の性質によって異なる．

力が空間の各点で位置の関数として定義されるとき，そのような力 (または力が分布した空間) を「力の場」という．1 次元 (直線上の運動) の力の場に対する運動方程式の解は一般に式を用いて表すことができる．2 次元や 3 次元の場合でも，力が中心力という特殊な力である場合には運動方程式が 1 次元の問題に帰着され，同様にして解を式で表すことができる．これらについては第 6 章～第 7 章で詳しく論じる．

2.4 物理量の次元と単位

ここで，物理量の単位について述べておこう．力学 (および電磁気学) で用いられるすべての物理量は 4 つの基本物理量の組合せ (積) により表される．多くの物理量のなかからどの物理量を基本物理量として選ぶかについてはいろいろ

表 2.1　力学で用いられる 4 つの基本物理量と SI 基本単位

名称	次元	単　位	記号
長さ	L	メートル	m
質量	M	キログラム	kg
時間	T	秒	s
電流	A	アンペア	A

な可能性があるが，世界共通の基準で物理量を扱うための取り決め (国際単位系，SI) においては，この 4 つの基本物理量を長さ，質量，時間，および電流とし，それらに対して基本単位が定められている[4] (表 2.1).

時間の単位である s (秒) は，もともとは地球上での 1 日の時間をもとにして決められたが，現在では原子時計 (セシウム原子から放出される特定の X 線の周期) をもとにその値が定義されている．1 日の長さは正確には 24 時間 $=$ 86400 s ではなく，時刻を調整するため適宜「閏秒(うるう)」の挿入が行われている．長さの単位は m (メートル) で，歴史的には地球の子午線の長さをもとに決められた．その後，メートル原器という金属柱の長さを基準とする定義，クリプトン原子から放出される特定の X 線の波長を基準とする定義をへて，現在では，光が 1 秒間に進む距離をもとにした定義が採用されている．質量の単位である kg (キログラム) は，歴史的には水の質量をもとに決められ，その後長年の間，国際キログラム原器という一種の分銅の質量を基準としてきたが，2019 年に，プランク定数という量子力学に現れる普遍定数をもとにした定義が採用された.

では，これらの基本物理量によるさまざまな物理量の構成方法と，対応する単位の与え方をみていこう．物理量の種類を区別するときに「**物理次元**」という考え方が便利である．物理次元とは，ある物理量がどんな種類の物理量であるかという性質だけを抽出した概念で，例えば，x が (空間的な) 長さを表すならば「x は長さの次元をもつ」といい，長さの次元を L という記号で表して $[x] = \mathrm{L}$ と記す．このとき，次元には大きさの概念はないので $2x$ も $3x$ もすべ

4)　これら 4 つに，温度を表す単位 K (ケルビン)，物質量を表す単位 mol (モル)，光度を表す単位 Cd (カンデラ) を加えた 7 つが SI の基本単位である.

て同じ次元Lをもつ．面積 S は長さの2乗の次元をもち $[S] = \mathrm{L}^2$，体積 V は長さの3乗の次元をもち $[V] = \mathrm{L}^3$ と表される．他の基本物理量である質量，時間，電流を表す次元にはそれぞれM, T, Aという記号を対応させる．次元を考えることにより，多くの物理量の複雑な積で表された物理量がどんな種類の物理量であるかを容易に知ることができ，その物理量がいかなる単位で表されるかがわかる．

速度は，単位時間あたりの変位であるから，その次元およびSIにおける単位は

$$v = \frac{dx}{dt}, \quad [v] = \mathrm{LT}^{-1} \ \cdots \ \mathrm{m/s}$$

である．同様に加速度は

$$a = \frac{d^2x}{dt^2}, \quad [a] = \mathrm{LT}^{-2} \ \cdots \ \mathrm{m/s^2}$$

となる．力の単位を知るには，運動方程式 $f = ma$ を用いて以下のように考えればよい．

$$[f] = [m][a] = \mathrm{MLT}^{-2} \ \cdots \ \mathrm{kg \cdot m/s^2}$$

SIでは，質量 $1\,\mathrm{kg}$ の物体に作用して $1\,\mathrm{m/s^2}$ の加速度を生じる力を $1\,\mathrm{N}$ (ニュートン, $1\,\mathrm{N} = 1\,\mathrm{kg \cdot m/s^2}$) と定義している．このような基本単位の積により定義された，物理量に固有の単位を**組立単位**という．力学で用いられる主な組立単位を表2.2にまとめておく．

表 2.2 力学で用いられる主な組立単位

物 理 量	次 元	単 位	他の単位との関係
力	MLT^{-2}	N (ニュートン)	$1\,\mathrm{N} = 1\,\mathrm{kg \cdot m/s^2}$
仕事，エネルギー	$\mathrm{ML^2T^{-2}}$	J (ジュール)	$1\,\mathrm{J} = 1\,\mathrm{N\,m}$
仕事率	$\mathrm{ML^2T^{-2}}$	W (ワット)	$1\,\mathrm{W} = 1\,\mathrm{J/s}$
周波数	T^{-1}	Hz (ヘルツ)	$1\,\mathrm{Hz} = 1\,\mathrm{s}^{-1}$
圧力，応力	$\mathrm{ML^{-1}T^{-2}}$	Pa (パスカル)	$1\,\mathrm{Pa} = 1\,\mathrm{N/m^2}$

演習問題 2

2.1 長さ l の糸の両端を高さの等しい間隔 a $(< l)$ の 2 点に固定して糸の中央に質量 m のおもりを吊したとき，糸の張力の大きさを求めよ．

2.2 質量 m の物体が時間 t について周期的な x 軸方向の力 $f(t) = f_0 \cos \omega t$ を受ける．この質点が時刻 $t = 0$ に原点を x 軸の正の向きの速度 v_0 で動き始めたとして，時刻 $t > 0$ における質点の位置 $x(t)$ を求めよ．

2.3 流体中を低速で運動する球形の物体が流体から受ける抵抗力 (粘性抵抗) の大きさ f は，球の半径 r と速度 v に比例し，$f = 6\pi\eta rv$ と表されることが知られている (ストークスの抵抗法則)．次元を考えることにより，係数 η (流体の性質を表す粘性率という物理定数) の SI における単位を求めよ．

3
一様重力の下での運動

我々の活動の場である地球表面において，物体は地球からの万有引力 (重力) を受けるが，地球の半径に対して十分小さなスケールの範囲では，この重力は位置によらない一様な力とみなすことができる．本章では，このような一様重力の下での物体の種々の運動を扱う．また，空気中を運動する物体が空気から受ける抵抗力 (空気抵抗) の影響についても考察する．

3.1　重力と質量

あらゆる物体と物体の間には**万有引力** (**重力**, gravity) という互いに引きつけ合う力がはたらくことが知られている．2 つの物体間にはたらく重力の強さ f_{G} は，2 つの物体の質量 m_1, m_2 の積に比例し，物体間の距離 r の 2 乗に反比例する．

$$f_{\mathrm{G}} = \frac{Gm_1m_2}{r^2} \tag{3.1}$$

これを**万有引力の法則** (law of universal gravitation) といい，比例定数 G を**万有引力定数** (**重力定数**, gravitational constant) という (☞ 7.4 節)．式 (3.1) に含まれる m_1, m_2 は重力という一つの力の強さに関係する物体の性質を表す定数であり，慣性とはまったく物理的性格を異にするので，これらを慣性質量と区別して**重力質量** (gravitational mass) とよぶ．あらゆる物体について慣性質量と重力質量の比は等しく，両者は「質量」という同一の物理量として取り扱われる．

地表に存在する物体は，地球からの重力を受けている．式 (3.1) は質点間にはたらく重力を表す式であるが，球対称な分布をもつ物体からの重力は全質量をその中心に集めた質点からの重力に等しいことを示すことができる (☞ 付録 A.5). したがって，地球を質量が M で半径 R の一様な球体とすると，地表において質量 (重力質量) $m_{\rm G}$ の物体が地球から受ける重力の大きさは

$$f_{\rm G} = \frac{GMm_{\rm G}}{R^2} = m_{\rm G}g, \quad \text{ただし}\ g = \frac{GM}{R^2} \tag{3.2}$$

と表される．向きは地球の中心方向 (鉛直下向き) である[1]．ここで，$\boldsymbol{g}$ を大きさが g で鉛直下向きのベクトルとすると，物体が受ける重力は

$$\boldsymbol{f}_{\rm G} = m_{\rm G}\boldsymbol{g} \tag{3.3}$$

と表される．物体の慣性質量を重力質量と区別して $m_{\rm I}$，加速度を $\boldsymbol{a}$ とすると，運動方程式より

$$m_{\rm I}\boldsymbol{a} = m_{\rm G}\boldsymbol{g}, \qquad \therefore\ \boldsymbol{a} = \frac{m_{\rm G}}{m_{\rm I}}\boldsymbol{g} \tag{3.4}$$

となり，$m_{\rm G} = m_{\rm I}$ より，地表で地球からの重力のみを受けて運動するあらゆる物体の加速度は $\boldsymbol{a} = \boldsymbol{g}$ で同一である．この $\boldsymbol{g}$ を地表における**重力加速度**という．

重力定数は $G \simeq 6.7 \times 10^{-11}\ {\rm N \cdot m^2/kg^2}$，地球の質量は $M \simeq 6.0 \times 10^{24}\ {\rm kg}$，地球の半径は $R \simeq 6.4 \times 10^6\ {\rm m}$ であるから，これらの値を用いて地球表面での重力加速度の大きさは

$$g = \frac{GM}{R^2} \simeq 9.8\ {\rm m/s^2}$$

と見積もられる．

例題 3.1

万有引力の法則より，物体にはたらく重力は地球の中心から離れるにしたがって小さくなる．重力加速度の大きさが地表での大きさに比べて 0.1% 小さくなる位置の地表からの高さを求めよ．

【解答】 地表からの高さ h における重力加速度の大きさ $g(h)$ は

$$g(h) = \frac{GM}{(R+h)^2} = \frac{GM}{R^2}\left(1 + \frac{h}{R}\right)^{-2} \simeq g(0)\left(1 - \frac{2h}{R}\right).$$

よって，$g(h)$ が $g(0)$ より 0.1% 小さくなる高さ h は

1) 実際には地球は完全な球体ではなく，また便宜上，地球からの万有引力に地球の自転による遠心力 (☞ 5.2 節) の影響を考慮したものを重力 (有効重力) とよんでいるため，これらの効果により，重力加速度の大きさは地球上の位置 (緯度，標高など) によって若干異なる値を示す．

$$\frac{2h}{R} = \frac{1}{1000}, \quad \therefore\ h = \frac{R}{2000} \simeq 3.2 \times 10^3\,\mathrm{m}.$$

このように，地表から高度約 3 km までの範囲で重力加速度の大きさは 0.1% 以内の差しかなく，良い近似で一様重力とみなせることがわかる． □

3.2 自 由 落 下

地表付近で，一様重力のみを受けて鉛直方向に直線運動する物体を考える．右図のように鉛直下向きに x 軸を選び，質量 m の物体を時刻 $t = 0$ に $x = 0$ から初速度 0 で落下させる．速度を $v = \dot{x}$ とすると，運動方程式より

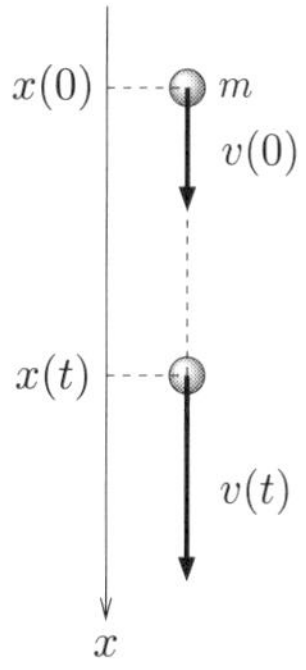

$$m\dot{v} = mg, \quad \therefore\ \dot{v} = g \tag{3.5}$$

となる．式 (3.5) は速度 $v(t)$ が従う微分方程式であり，時刻 $t = 0$ で $v(0) = 0$ であることから，この微分方程式の解は

$$\int_{v(0)}^{v(t)} dv' = \int_0^t g\,dt',$$

$$\therefore\ v(t) = v(0) + \int_0^t g\,dt' = gt \tag{3.6}$$

図 3.1

となる．さらに，時刻 $t = 0$ で物体の位置が $x(0) = 0$ であることより

$$x(t) = x(0) + \int_0^t gt'\,dt' = \frac{1}{2}gt^2 \tag{3.7}$$

が得られる．また，距離 x_1 だけ落下した地点での速度 v_1 は，その時刻を t_1 とすると

$$x(t_1) = \frac{1}{2}gt_1^2 = x_1 \quad より，\quad t_1 = \sqrt{\frac{2x_1}{g}},$$

$$\therefore\ v_1 = v(t_1) = gt_1 = \sqrt{2gx_1}$$

であり，落下距離 x_1 の平方根に比例することがわかる．なお，この関係は，時間 t を介さず以下のように運動方程式から直接導くこともできる：

$$\frac{dv}{dt} = g \quad より \quad dt = \frac{dv}{g} \quad であるから，$$

$$dx = v\,dt = \frac{v\,dv}{g}, \quad \therefore\ x_1 = \int_0^{x_1} dx = \int_0^{v_1} \frac{v\,dv}{g} = \frac{v_1^2}{2g}.$$

3.3 放物運動

次に，一様重力の下で投射された物体の一般的な運動について考えよう．右図のように，水平方向に x 軸，鉛直上向きに y 軸を選ぶと，物体の加速度は

$$(\ddot{x}, \ddot{y}) = (0, -g) \tag{3.8}$$

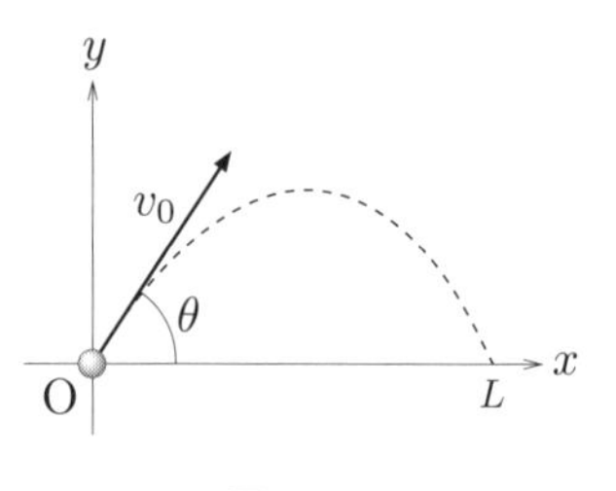

図 3.2

である．物体を時刻 $t=0$ に，原点 O で水平から上方へ角度 θ の向きに速さ v_0 で投射したとすると，初速度は

$$\boldsymbol{v}(0) = (v_0 \cos\theta, v_0 \sin\theta)$$

であるから，式 (3.8) を初期条件に注意して積分することにより

$$x(t) = v_0 t \cos\theta, \quad y(t) = v_0 t \sin\theta - \frac{1}{2}gt^2 \tag{3.9}$$

が得られる．式 (3.9) の 2 式から t を消去すると，物体の軌道の式

$$\begin{aligned} y(x) &= x\tan\theta - \frac{gx^2}{2v_0^2\cos^2\theta} \\ &= -\frac{g}{2v_0^2\cos^2\theta}x\left(x - \frac{v_0^2\sin 2\theta}{g}\right) \end{aligned}$$

が得られるが，これは上に凸の放物線軌道を描く．水平方向の飛距離 L は，$y(x=L)=0$ より

$$L = \frac{v_0^2 \sin 2\theta}{g}$$

で，$\sin 2\theta = 1$，すなわち $\theta = \dfrac{\pi}{4}$ のとき最大となる．

例題 3.2 斜面上での投射

水平面からの角度が α の斜面上で物体を斜面からの角度 θ の方向に初速 v_0 で投射する．このとき飛距離を最大にする角度 θ を求めよ．

【解答】 図 3.3 のように，斜面に沿って x 軸，斜面の法線方向に y 軸を選ぶ．この座標系で初速度 $\boldsymbol{v}_0$ および重力加速度 $\boldsymbol{g}$ は，それぞれ

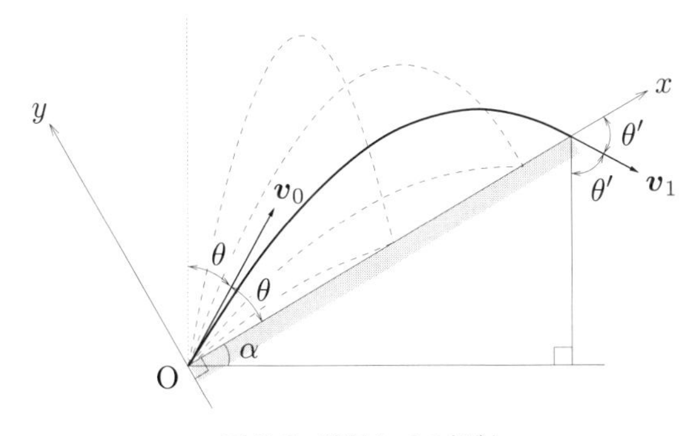

図 3.3 斜面上での投射

$$\boldsymbol{v}_0 = (v_0 \cos\theta, v_0 \sin\theta), \quad \boldsymbol{g} = (-g\sin\alpha, -g\cos\alpha)$$

であるから，運動方程式の解は

$$\boldsymbol{r}(t) = \boldsymbol{v}_0 t + \frac{1}{2}\boldsymbol{g}t^2,$$

すなわち，

$$x(t) = v_0 t\cos\theta - \frac{1}{2}gt^2\sin\alpha,$$

$$y(t) = v_0 t\sin\theta - \frac{1}{2}gt^2\cos\alpha$$

と表される．落下時刻を t_1 とすると，$y(t_1) = 0$ より

$$t_1 = \frac{2v_0\sin\theta}{g\cos\alpha}$$

で，斜面に沿った飛距離 L を計算すると

$$L = x(t_1) = \frac{v_0^2}{g\cos^2\alpha}\{\sin(2\theta+\alpha) - \sin\alpha\} \tag{3.10}$$

となる．この式より，θ を変化させていくとき L は $\sin(2\theta+\alpha) = 1$, すなわち $\theta = \dfrac{1}{2}\left(\dfrac{\pi}{2} - \alpha\right)$ のとき最大値をとることがわかる．この初速度の向きは，斜面上方と鉛直上方との二等分線の向きに一致する． □

ちなみにこのとき，落下点での速度の大きさ v_1 は

$$v_1 = \sqrt{\frac{1-\sin\alpha}{1+\sin\alpha}}\,v_0 \tag{3.11}$$

となり，その向き (斜面からの角度 $\theta' = \dfrac{1}{2}\left(\dfrac{\pi}{2} + \alpha\right)$) は斜面上方と鉛直下方との二等分線の向きに一致する．この落下点から物体を速さ v_1 で逆向きに投射

すれば，物体は同じ軌道をたどって原点に到達する．$\alpha = 6^\circ$ では $v_1 \simeq 0.90 v_0$ であるから，傾斜角 6° の坂道の上下に分かれてキャッチボールをするとき，坂の上にいる人は下にいる人の 90% の速さで投げ返せばよい．

問 3.1 式 (3.10), (3.11) を確かめよ．
[答：式 (3.10) は $x(t_1) = v_0 t_1 \cos\theta - \frac{1}{2} g t_1^2 \sin\alpha$ に $t_1 = \frac{2v_0 \sin\theta}{g\cos\alpha}$ を代入して

$$
\begin{aligned}
L &= \frac{v_0^2}{g}\left(\frac{2\sin\theta\cos\theta}{\cos\alpha} - \frac{\sin\alpha\sin^2\theta}{\cos^2\alpha}\right) \\
&= \frac{v_0^2}{g}\left\{\frac{\sin 2\theta}{\cos\alpha} - \frac{\sin\alpha(1-\cos 2\theta)}{\cos^2\alpha}\right\} \\
&= \frac{v_0^2}{g\cos^2\alpha}(\underbrace{\sin 2\theta\cos\alpha + \sin\alpha\cos 2\theta}_{=\sin(2\theta+\alpha)} - \sin\alpha).
\end{aligned}
$$

式 (3.11) は，

$$
\begin{aligned}
v_1^2 &= (v_0\cos\theta - g t_1 \sin\alpha)^2 + (v_0 \sin\theta - g t_1 \cos\alpha)^2 \\
&= v_0^2 - 2 v_0 g t_1 (\sin\theta\cos\alpha + \cos\theta\sin\alpha) + (g t_1)^2 \\
&= v_0^2 - \frac{4 v_0^2 \sin\theta \sin(\theta+\alpha)}{\cos\alpha} + \frac{4 v_0^2 \sin^2\theta}{\cos^2\alpha} \\
&= \left\{1 - \frac{2(\cos\alpha - \cos(2\theta+\alpha))}{\cos\alpha} + \frac{2(1-\cos 2\theta)}{\cos^2\alpha}\right\} v_0^2 \\
&= \left\{1 - 2 + \frac{2(1-\sin\alpha)}{1-\sin^2\alpha}\right\} v_0^2 = \frac{1-\sin\alpha}{1+\sin\alpha} v_0^2.
\end{aligned}
$$

□]

3.4 斜面上の物体

床面に置かれた物体や糸でつながれた物体は，運動の方向が制限されている．このような運動方向の制限を**束縛** (constraint)，束縛のある運動を**束縛運動** (constrained motion) という．束縛によってある方向への運動が制限されているとき，物体にその方向の力を加えてもその方向への運動は起こらない．そのためには，加えた力と逆向きの力が物体に同時に作用していなければならない．そのような力を**束縛力** (constraining force) という．

水平な床面上に置かれた質量 m の物体には鉛直下向きに重力 mg がはたらくが，物体は静止したままである．これは，物体が重力と逆向きの同じ大きさの力を床面から受けているためである．この力を**垂直抗力** (normal reaction)

という．垂直抗力は，物体が床面を押す力の反作用であり，重力と垂直抗力がつり合うことにより物体を静止させている．つまり垂直抗力は，物体の鉛直方向の運動を制限する束縛力としてはたらいている．

物体と床面の間に摩擦があると，物体に床面と平行な向きの力を加えても物体が床面上に静止し続けることがある．これは物体に加えられた力と同時に，それと逆向きの力が床面から与えられるためである．このような床面と平行な向きにはたらく力を**摩擦力** (friction) という．

摩擦力は，床面に静止した物体にはたらく**静止摩擦力** (static friction) と，床面上を運動する物体にはたらく**動摩擦力** (kinetic friction) とに区別される．静止摩擦力は物体が床面上をすべろうとするのを妨げる向きにはたらくが，その強さには上限があり，上限値を超える力が加えられると物体は床面上をすべり始める．この上限値を**最大静止摩擦力**という．最大静止摩擦力 F_{max} は垂直抗力 N にほぼ比例し，

$$F_{\mathrm{max}} = \mu_0 N$$

と表される．この比例係数 μ_0 を**静止摩擦係数**という．

物体が床面上をすべり始めると，物体は床から動摩擦力を受ける．動摩擦力は，運動を妨げる向き，すなわち速度と逆向きにはたらく．動摩擦力の大きさ F は物体の速度によらずほぼ一定で，垂直抗力 N にほぼ比例しており，

$$F = \mu N$$

と表される．この比例係数 μ を**動摩擦係数**という．一般に，動摩擦係数は静止摩擦係数より小さい．

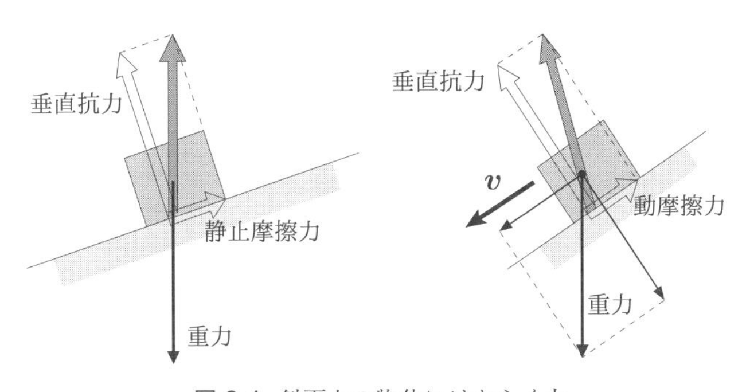

図 3.4 斜面上の物体にはたらく力

例題 3.3 斜面上の物体のつり合い

水平からの角度が θ の斜面上に質量 m の物体が静止している．物体と斜面の間の静止摩擦係数を μ_0 とするとき，物体が斜面上に静止できる角度 θ の最大値を求めよ．

【解答】 物体にはたらく力のつり合いを，斜面に平行な成分と垂直な成分とでそれぞれ考えることにより，垂直抗力は $mg\cos\theta$，静止摩擦力は $mg\sin\theta$ である．斜面上で静止するには，静止摩擦力が最大静止摩擦力以下であればよいので，

$$mg\sin\theta \leq \mu_0 mg\cos\theta, \quad \therefore\ \tan\theta \leq \mu_0.$$

よって求める角度 θ_{f} は

$$\tan\theta_{\mathrm{f}} = \mu_0$$

により与えられる．この角度 θ_{f} を**摩擦角**という．□

例題 3.4 斜面をすべる物体

水平からの角度が θ の斜面をすべる質量 m の物体の運動を考える．物体と斜面の間の動摩擦係数を μ とするとき，物体が斜面をすべり上がるときとすべり下りるときの加速度を求めよ．

【解答】 垂直抗力は $mg\cos\theta$ であるから，物体が受ける動摩擦力は速度と逆向きに $\mu mg\cos\theta$．斜面をすべり上がるときの運動の向きへの加速度を a_1 とすると，運動方程式より

$$ma_1 = -mg\sin\theta - \mu mg\cos\theta,$$
$$\therefore\ a_1 = -g(\sin\theta + \mu\cos\theta)$$

となる．同様に，斜面をすべり下りるときの運動の向きへの加速度 a_2 は，

$$ma_2 = mg\sin\theta - \mu mg\cos\theta,$$
$$\therefore\ a_2 = g(\sin\theta - \mu\cos\theta)$$

である．ここで，$\tan\theta > \mu$ であれば $a_2 > 0$ で物体は加速するが，$\tan\theta < \mu$ であれば $a_2 < 0$ で減速し，やがて斜面上に静止する．また，$\tan\theta = \mu$ であれば等速度ですべり下りる．□

3.5 空気抵抗の影響

空気や水などの媒質中を運動する物体には，その運動を妨げる向きの力がはたらく．このような力を**抵抗力**という．一般に抵抗力は物体の速度 $\boldsymbol{v}$ と逆向きにはたらき，その大きさは速さ $v = |\boldsymbol{v}|$ の増加関数である．

物体が流体中を十分低速で運動する際，この物体にはたらく抵抗力の強さは物体の速度 $\boldsymbol{v}$ にほぼ比例する．ストークス (G.G. Stokes) は，流体力学の方程式をもとにして流体中を低速で運動する球体にはたらく抵抗力と速度の比例関係 (ストークスの抵抗法則) を導いたが，そのことに因んで，速度に比例する抵抗力をストークス抵抗とよぶ．流体中での物体の速度が大きくなると，速度の 2 乗に比例する抵抗力が優勢になることが知られている．ニュートン (I. Newton) は，流体分子との衝突により物体が受ける力を考えて抵抗力と速度の 2 乗の比例関係を導いたが，そのことに因んで，速度の 2 乗に比例する抵抗力をニュートン抵抗とよぶ．前節で述べた動摩擦力も抵抗力の一種であるが，その強さは物体の速さによらずほぼ一定である．

以下では，速度に比例するストークス型の空気抵抗

$$\boldsymbol{f} = -R\boldsymbol{v} \tag{3.12}$$

がはたらく場合について考えよう．

一様重力下における質量 m の物体の運動に，速度に比例する空気抵抗の影響を考慮すると，運動方程式は

$$m\dot{\boldsymbol{v}} = m\boldsymbol{g} - R\boldsymbol{v} \tag{3.13}$$

と表される．後に示すように，十分時間が経過すると重力 $m\boldsymbol{g}$ と空気抵抗 $-R\boldsymbol{v}$ がつり合って式 (3.13) の右辺が 0 となり，物体の運動は等速度運動となる．このときの鉛直下向きの速度

$$\boldsymbol{v}_{\mathrm{f}} = \frac{m}{R}\boldsymbol{g} \tag{3.14}$$

を**終端速度**という．

水平方向に x 軸，鉛直上向きに y 軸をとり，(x, y) 平面内での放物運動における速度の時間変化をみてみよう．運動方程式を成分表示で表すと

$$\begin{cases} m\dot{v}_x = -Rv_x, \\ m\dot{v}_y = -mg - Rv_y \end{cases} \tag{3.15}$$

のように，v_x と v_y が互いに独立な方程式に従っていることがわかる．まず，水平成分 v_x に対する式を，時間微分の記号を復活させて書き直すと，

$$\frac{dv_x}{dt} = -\frac{R}{m}v_x \tag{3.16}$$

となるが，この方程式は，

$$\frac{dv_x}{v_x} = -\frac{R}{m}dt \tag{3.17}$$

のように，変数 t と v_x とが等号をはさんで左右に分離した形に変形することができ，このような方程式を「変数分離型」という．変数分離型の微分方程式では，以下のように容易に解を求めることができる．$t=0$ における値を $v_x(0) = v_{x0}$ とし，変数の上限と下限の対応に注意して式 (3.17) を積分すると

$$\int_{v_{x0}}^{v_x(t)} \frac{dv_x}{v_x} = -\frac{R}{m}\int_0^t dt' \quad \text{より，} \quad \log\frac{v_x(t)}{v_{x0}} = -\frac{R}{m}t,$$

$$\therefore\ v_x(t) = v_{x0}e^{-\lambda t}, \quad \text{ただし} \quad \lambda = \frac{R}{m} \tag{3.18}$$

となり，v_x は時間とともに指数関数的に減少する．ここで λ は減衰の速さを表す定数であり，**減衰定数** (damping constant) という．また，$\tau = \dfrac{1}{\lambda}$ は**時定数** (time constant) または緩和時間 (relaxation time) という減衰の時間スケールを表す定数で，速度が最初の $\dfrac{1}{e}$ 倍に減衰するまでの時間に等しい．$t=0$ からの水平方向への変位は

$$x(t) = \int_0^t v(t')\,dt' = \frac{mv_0}{R}(1-e^{-Rt/m}) \tag{3.19}$$

で，十分時間が経過したときの x は

$$\lim_{t\to\infty} x(t) = \frac{mv_{x0}}{R} \tag{3.20}$$

となる．よって物体は水平方向に $\dfrac{mv_{x0}}{R}$ までしか進むことができない．

一般に，α を定数として，関数 $f(t)$ が従う微分方程式

$$\frac{df}{dt} = \alpha f \tag{3.21}$$

の初期値 $f(0) = f_0$ に対する解は

$$f(t) = f_0 e^{\alpha t} \tag{3.22}$$

で与えられる．この形の微分方程式は物理学をはじめ他のいろいろな問題にも

現れるので，解 (3.22) の形は覚えておくとよいだろう．

次に，鉛直成分 v_y について考える．$v_y(t)$ の従う微分方程式は

$$\frac{dv_y}{dt} = -\frac{R}{m}(v_y + v_{\mathrm{f}}), \quad ただし \quad v_{\mathrm{f}} = \frac{mg}{R} \tag{3.23}$$

と表される．ここで v_{f} は終端速度の大きさを表す．この方程式は，変数変換 $u(t) = v_y(t) + v_{\mathrm{f}}$ により

$$\frac{du}{dt} = -\frac{R}{m}u$$

のように式 (3.21) と同じ形に書けるので，その解は $u(0) = v_{y0} + v_{\mathrm{f}}$ に注意して式 (3.22) と同様に

$$u(t) = (v_{y0} + v_{\mathrm{f}})e^{-Rt/m},$$

したがって $v_y(t)$ は，

$$v_y(t) = u(t) - v_{\mathrm{f}} = -v_{\mathrm{f}} + (v_{y0} + v_{\mathrm{f}})e^{-Rt/m}$$

と求められる．

以上により，時刻 t における速度 $\boldsymbol{v}(t)$ は

$$\boldsymbol{v}(t) = (0, -v_{\mathrm{f}}) + (v_{x0}, v_{y0} + v_{\mathrm{f}})e^{-Rt/m} \tag{3.24}$$

となり，時間とともに終端速度 $\boldsymbol{v}_{\mathrm{f}} = (0, -v_{\mathrm{f}})$ の等速度運動に近づく．

例題 3.5　斜面をすべり下りる物体

斜面上に物体を静かに置いてすべり落とす．斜面の角度は摩擦角より大きく，物体には速度に比例する空気抵抗がはたらくとして，物体の速度の時間変化を求めよ．

【解答】 物体の質量を m，斜面の角度を θ，物体と斜面の間の動摩擦係数を μ $(< \tan\theta)$ とし，速度 v で運動する物体にはたらく空気抵抗を $-Rv$ とする．斜面方向の運動方程式より，

$$\begin{aligned} m\dot{v} &= mg\sin\theta - \mu mg\cos\theta - Rv \\ &= -R(v - v_{\mathrm{f}}), \quad ただし \quad v_{\mathrm{f}} = \frac{mg(\sin\theta - \mu\cos\theta)}{R} \ (> 0) \end{aligned}$$

が得られる．ここで $v = v_{\mathrm{f}}$ のとき $\dot{v} = 0$ であり，v_{f} は終端速度を表す．

$u(t) = v(t) - v_\mathrm{f}$ とおくと，

$$\frac{du}{dt} = -\frac{R}{m}u$$

のように式 (3.21) の形に表され，その解は $u(0) = v(0) - v_\mathrm{f} = -v_\mathrm{f}$ より

$$u(t) = -v_\mathrm{f}e^{-Rt/m}$$

となる．したがって，速度の時間変化は

$$v(t) = v_\mathrm{f} + u(t) = v_\mathrm{f}(1 - e^{-Rt/m})$$

で与えられる．図 3.5 のように，速度は時間とともに増大し，終端速度 v_f に近づく．□

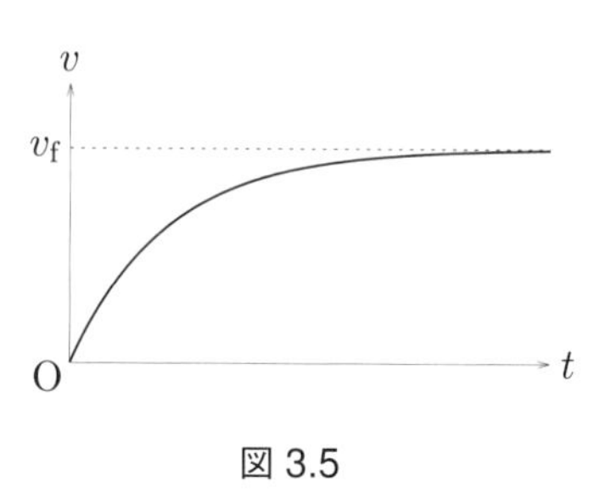

図 3.5

例題 3.6　鉛直投げ上げへの空気抵抗の影響

質量 m の物体を鉛直上向きに初速度 v_0 で投げ上げたときの最高点の高さを，速度に比例する空気抵抗を考慮した場合と考慮しない場合について比較せよ．ただし，この運動の範囲で空気抵抗の大きさ Rv は重力 mg にくらべて十分小さいとする．

【解答】　空気抵抗を考慮しないときの最高点の高さ h_0 は

$$h_0 = \frac{v_0^2}{2g} \tag{3.25}$$

であり，この問題では，空気抵抗を考慮した場合の結果が h_0 よりどれだけ低いかを見積もる．

鉛直上向きに x 軸をとり，x 軸方向の速度を v とすると，$v(t)$ が従う運動方程式は

$$m\frac{dv}{dt} = -mg - Rv = -R(v + v_\mathrm{f}), \quad \text{ただし} \quad v_\mathrm{f} = \frac{mg}{R}$$

と書け，これより速度変化 dv と変位 dx の関係が

$$dx = v\,dt = -\frac{m}{R}\frac{v\,dv}{v + v_\mathrm{f}}$$

のように変数分離形で表される．$x = 0$ で $v = v_0$，最高点 $x = h$ で $v = 0$ となることに注意してこの式を積分すると

$$\int_0^h dx = -\frac{m}{R}\int_{v_0}^0 \frac{v}{v + v_\mathrm{f}}\,dv = \frac{m}{R}\int_0^{v_0}\left(1 - \frac{v_\mathrm{f}}{v + v_\mathrm{f}}\right)dv,$$

$$\therefore\ h = \frac{m}{R}\left(v_0 - v_\mathrm{f}\log\frac{v_0+v_\mathrm{f}}{v_\mathrm{f}}\right) = \frac{v_\mathrm{f}^2}{g}\left\{\frac{v_0}{v_\mathrm{f}} - \log\left(1+\frac{v_0}{v_\mathrm{f}}\right)\right\} \tag{3.26}$$

となる.

この h が空気抵抗を考慮した場合の高さであるが, h_0 との比較を容易にするため近似を行う. いま, 考えている運動中において, 空気抵抗の大きさが重力にくらべて十分小さいことから,

$$Rv_0 \ll mg, \quad \therefore\quad v_0 \ll \frac{mg}{R} = v_\mathrm{f}$$

が成り立っている. 微小量 ϵ ($|\epsilon| \ll 1$) に対して $\log(1+\epsilon)$ が

$$\log(1+\epsilon) = \epsilon - \frac{\epsilon^2}{2} + \frac{\epsilon^3}{3} - \cdots \tag{3.27}$$

と近似 (テイラー展開の主要項 ☞ 付録 A.1) できること[2]を用いると, 式 (3.26) は

$$\begin{aligned} h &= \frac{v_\mathrm{f}^2}{g}\left\{\frac{v_0}{v_\mathrm{f}} - \left(\frac{v_0}{v_\mathrm{f}} - \frac{v_0^2}{2v_\mathrm{f}^2} + \frac{v_0^3}{3v_\mathrm{f}^3} - \cdots\right)\right\} \\ &\simeq \frac{v_0^2}{2g} - \frac{v_0^3}{3gv_\mathrm{f}} = h_0\left(1 - \frac{2}{3}\frac{Rv_0}{mg}\right) \end{aligned} \tag{3.28}$$

のように表され, 高さの減少率がおよそ $\dfrac{2}{3}\dfrac{Rv_0}{mg}$ であることがわかる. □

演習問題 3

3.1 幅 w の川に面した崖の上の点 A から対岸に向けて物体を投射する. 対岸は点 A より h だけ低い. 最も小さな初速度で物体を対岸に到達させるには物体をどのような向きに投射すればよいか. また, そのときの初速度の大きさを求めよ. ただし, 空気抵抗は無視できるものとする.

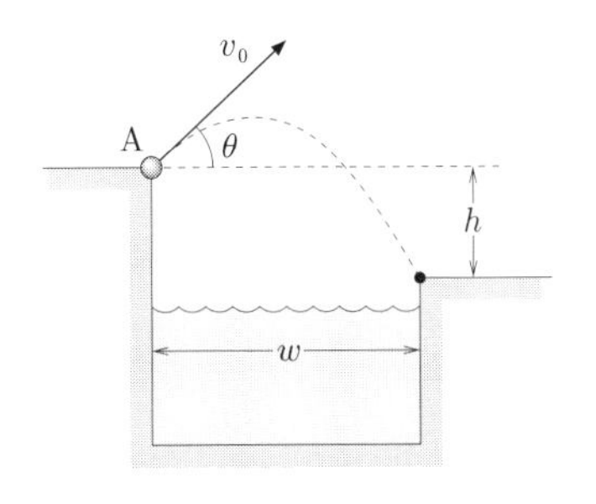

2) この展開式は無限等比級数の和の公式 $\dfrac{1}{1+t} = 1 - t + t^2 - \cdots$ の両辺を t について 0 から ϵ まで積分することによっても得られる.

3.2 摩擦角より大きな傾斜角 θ をもつ斜面上の点 P から物体が初速度 v_0 で斜面に沿ってすべり上がる．物体と斜面の間の動摩擦係数を μ として，この物体が再びもとの点 P に戻ってきたときの速度の大きさを求めよ．

3.3 地上から初速度 v_0 で鉛直上向きに投射した質量 m の物体がもとの位置に戻ってきたときの速度を，速度 v に比例する空気抵抗 $-Rv$ を考慮して求めよ．ただし，$Rv_0 \ll mg$ として近似式 (3.27) を用い，R の 1 次の項まで評価すること．

3.4 水平な床面上を質量 m の物体が初速度 v_0 で動き始める．物体と床面の間の動摩擦係数は μ であり，物体は速度 v に比例する空気抵抗 $-Rv$ を受ける．この物体が静止するまでの速度の時間変化を求めよ．

3.5 なめらかな水平面上で質量 m の小球を速度 v_0 で打ち出す．小球には速度 v の 2 乗に比例する空気抵抗 $-Rv^2$ がはたらくとする．

(a) 速度が $\dfrac{v_0}{2}$ になるまでの時間を求めよ．

(b) 速度が $\dfrac{v_0}{e}$ (e は自然対数の底) になるまでに進む距離を求めよ．

3.6 同じ一様な材質でできた異なる半径 $r_\mathrm{A}, r_\mathrm{B}$ $(r_\mathrm{A} > r_\mathrm{B})$ の 2 つの球 A, B を空気中で同じ高さから静かに放し，どちらが先に落下するかを調べる．球には速度 v の 2 乗に比例する空気抵抗 $-Cv^2$ がはたらき，比例係数 C は球の半径 r の 2 乗に比例する．空気抵抗がなければ同時に落下するので，空気抵抗の小さい球 B のほうが先に落下すると予想したが，結果は球 A のほうが早く落下した．この理由について考察せよ．ただし，球の高さは中心の位置で測るものとする．

4
振動運動

振動運動は自然界のさまざまな場所で目にする普遍的な現象である．本章では，振動運動が起こる基本的なメカニズムとその数学的取り扱いについて学ぶ．

4.1 単振動

■ 単振動の式

外から力を加えると変形し，力を取り除くともとの形状に戻るような物体を**弾性体**という．弾性体に力を加えて変形させると，その形状をもとに戻そうとする**復元力** (restoring force) がはたらく．通常，小さな変形では復元力は変形の大きさに比例する．これを**フック** (Hooke) **の法則**という．

ばねの先端に取り付けられた質量 m の質点の，ばねの長さ方向への直線運動を考えよう．ばねが自然長 (質点が力を受けないつり合いの位置) のときの質点の位置を原点として，長さ方向に x 軸をとる．質点の位置が x，すなわちばねの伸びが x であるとき，質点がばねから受ける力は x に比例し，

$$F = -kx \tag{4.1}$$

と表される．比例係数である**復元力定数** (restoring force parameter) k は通称**ばね定数** (spring constant) とよばれている．ばねを引き伸ばして放すと，質点はばねが縮む向きに力を受けて運動を始め，質点は加速される．ばねの伸びが 0 になると力は 0 になるが，このとき質点はばねを縮ませる向きの速度をもっており，慣性により運動を続ける結果，ばねは縮み始める．すると今度は，ばねを伸ばす向きの力がはたらき始めるため質点は減速し，やがて速度が反転してばねは伸び始める．こうして質点は，ばねからの復元力により加速と減速

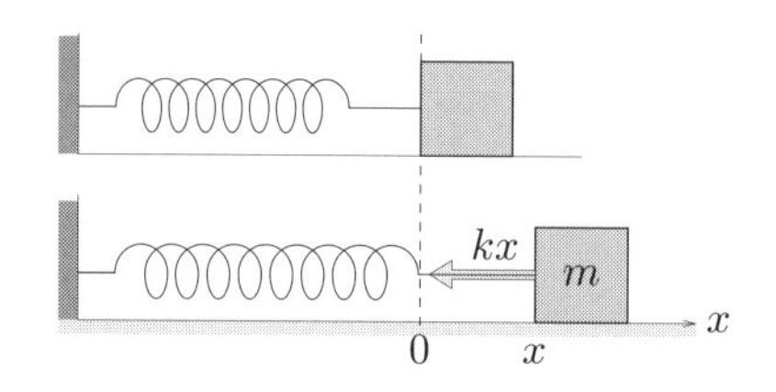

図 4.1 ばねに取り付けられた物体にはたらく力

を繰り返しながら振動する．

このような，変位に比例する復元力を受けて振動運動する質点を**調和振動子** (harmonic oscillator) という．調和振動子の運動方程式

$$m\ddot{x} = -kx \tag{4.2}$$

は，定数 $\omega = \sqrt{k/m}$ を用いて

$$\ddot{x} = -\omega^2 x \tag{4.3}$$

という形に表すことができる．方程式 (4.3) を**単振動の式**といい，この方程式に従う振動運動を**単振動** (simple harmonic oscillation) という．

■ 線形微分方程式と重ね合わせの原理

単振動の式 (4.3)，ならびに次節以降で扱う減衰振動や強制振動の方程式の解を求めるための準備として，ここで**線形微分方程式**とよばれる微分方程式の一般論について述べておこう．t の関数 $x(t)$ の従う方程式が，

$$\ddot{x}(t) + a_1(t)\dot{x}(t) + a_0(t)x(t) = f(t) \tag{4.4}$$

のように，$x(t)$ とその 2 階微分までを含み，それらの 1 次式で表されているとする．このような微分方程式を 2 階線形微分方程式という．係数 a_0, a_1 および f は一般に t の関数であるが，特にこれらが t によらない定数の場合を，定数係数線形微分方程式という．$f(t)$ は**非斉次項**とよばれ，特に $f(t) = 0$ とおいた方程式

$$\ddot{x}(t) + a_1\dot{x}(t) + a_0x(t) = 0 \tag{4.5}$$

を**斉次方程式**という．「斉次（せいじ）」(homogeneous) とは，次数がそろっている (x およびその微分について 1 次の項だけで，0 次の項を含まない) という意味である．いま，$x_1(t)$, $x_2(t)$ が斉次方程式 (4.5) の互いに独立な (一方が他方の

定数倍で表されない) 解であるとすると，それらの任意の線形結合

$$x(t) = c_1 x_1(t) + c_2 x_2(t) \quad (c_1, c_2 \text{ は時間によらない定数}) \tag{4.6}$$

もまた方程式 (4.5) の解である．このことは，

$$c_1\{\ddot{x}_1 + a_1\dot{x}_1 + a_0 x_1\} = 0,$$
$$c_2\{\ddot{x}_2 + a_1\dot{x}_2 + a_0 x_2\} = 0$$

を辺々足し合わせることにより容易に示すことができる．このような斉次線形方程式の一般的性質を**重ね合わせの原理**という．一般に 2 階微分方程式の**一般解** (general solution) は 2 つの任意定数を含んでおり，これを**積分定数**という．斉次方程式では独立な 2 つの解 $x_1(t)$, $x_2(t)$ がわかれば，重ね合わせの係数 c_1, c_2 を積分定数として一般解を式 (4.6) のように構成することができる．

非斉次 2 階線形微分方程式 (4.4) の一般解は, ある**特殊解** (particular solution) $x_\mathrm{p}(t)$ と，非斉次項を除いた斉次方程式の一般解との和

$$x(t) = x_\mathrm{p}(t) + c_1 x_1(t) + c_2 x_2(t) \tag{4.7}$$

で与えられる．このことは，

$$c_1\{\ddot{x}_1 + a_1\dot{x}_1 + a_0 x_1\} = 0,$$
$$c_2\{\ddot{x}_2 + a_1\dot{x}_2 + a_0 x_2\} = 0,$$
$$\ddot{x}_\mathrm{p} + a_1\dot{x}_\mathrm{p} + a_0 x_\mathrm{p} = f$$

の 3 つの式を辺々足し合わせることによって確かめられる．

以下でみるように，定数係数の斉次線形方程式の一般解は三角関数や指数関数によって表される．非斉次方程式の特殊解については，非斉次項によっては直観や簡単な仮定を用いて得られる場合があり，また「定数変化法」などの系統的な求め方も知られている (詳細は微分方程式の専門書にゆずる)．

例題 4.1　1 階線形微分方程式

鉛直下方へ自由落下する質量 m の物体に，速度 v に比例する空気抵抗 $-Rv$ (R は正の定数) がはたらくときの運動方程式

$$m\dot{v} = mg - Rv$$

は，v についての 1 階線形微分方程式である．この方程式の一般解 $v(t)$ を求めよ．

【解答】 この問題は 3.5 節でも扱ったが，ここでは上で述べた線形微分方程式の解の構成方法に従って一般解を導いてみよう．まず，この方程式は特殊解 $v_{\mathrm{p}}(t)$ として定数解 $v_{\mathrm{p}} = \dfrac{mg}{R}$ をもつことがすぐにわかる．また，非斉次項 mg を取り去った斉次方程式

$$m\dot{v} = -Rv$$

の一般解は，c を積分定数として

$$v_{\mathrm{h}}(t) = ce^{-\frac{R}{m}t}.$$

で与えられる[1]．よって一般解は

$$v(t) = v_{\mathrm{p}} + v_{\mathrm{h}}(t) = \frac{mg}{R} + ce^{-\frac{R}{m}t} \quad (c \text{ は積分定数})$$

となる． □

■ 単振動の方程式の解

それでは，上記の方法を用いて単振動の方程式の解を求め，その性質について調べよう．単振動の式 (4.3) は斉次 2 階微分方程式であり，$\sin\omega t$, $\cos\omega t$ が 2 つの独立な解になっていることは代入して直ちに確かめることができる．よって一般解は，c_1, c_2 を定数として

$$x(t) = c_1 \sin\omega t + c_2 \cos\omega t \tag{4.8}$$

と表される．このとき速度は

$$v(t) = \dot{x}(t) = \omega(c_1 \cos\omega t - c_2 \sin\omega t) \tag{4.9}$$

となる．ω を単振動の**角振動数** (angular frequency) または**角周波数**といい，この解は時間について**周期** (period) $T = \dfrac{2\pi}{\omega}$ の周期関数である．単位時間あたりの**振動数** (frequency) f は

$$f = \frac{1}{T} = \frac{\omega}{2\pi} \tag{4.10}$$

となる．SI では振動数の単位として組立て単位 Hz (ヘルツ，$1\,\mathrm{Hz} = 1\,\mathrm{s}^{-1}$) が定義されている．

定数 c_1, c_2 は初期条件によって定められる．時刻 $t = 0$ における位置および速度を $x(0) = x_0$, $v(0) = v_0$ とすると，

1) 1 階微分方程式の一般解には 1 つの積分定数が含まれる．

$$x(0) = c_2 = x_0,$$
$$v(0) = \omega c_1 = v_0, \quad \therefore\ c_1 = \frac{v_0}{\omega}$$

であるから，上の初期条件を満たす解は

$$x(t) = x_0 \cos\omega t + \frac{v_0}{\omega}\sin\omega t \tag{4.11}$$

で与えられることがわかる．

また，単振動の解 (4.8) は

$$x(t) = A\sin(\omega t + \phi_0), \quad ただし \quad A = \sqrt{c_1^2 + c_2^2}, \tan\phi_0 = \frac{c_2}{c_1} \tag{4.12}$$

とも表すことができ，A を**振幅** (amplitude)，$\phi(t) = \omega t + \phi_0$ を**位相角** (phase angle) または**位相**，ϕ_0 を初期位相という．このとき速度は

$$v(t) = A\omega\cos(\omega t + \phi_0) \tag{4.13}$$

であり，$x = 0$ ($\phi = 0, \pi$) のとき速度の大きさは最大値 $|v| = A\omega$ をもち，$v = 0$ ($\phi = \pm\pi/2$) のとき変位の大きさは最大値 $|x| = A$ を示す．

例題 4.2

あるばねにおもりを吊すと，ばねが鉛直方向に自然長から l だけ伸びた位置でつり合った．このおもりを鉛直方向に振動させたときの周期を求めよ．

【解答】 おもりの質量を m，ばね定数を k，重力加速度の大きさを g とすると，力のつり合いより

$$mg - kl = 0, \quad \therefore\ k = \frac{mg}{l}.$$

つり合いの位置からの鉛直下向きの変位を x とおくと，運動方程式は

$$m\ddot{x} = mg - k(l + x) = -\frac{mg}{l}x.$$

よって，おもりはつり合いの位置を中心として単振動する．

$$\ddot{x} = -\frac{g}{l}x = -\omega^2 x, \quad ただし \quad \omega = \sqrt{\frac{g}{l}}$$

より，振動の周期 T は

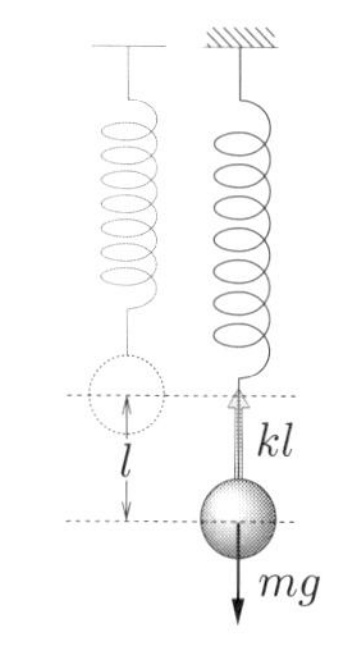

図 4.2

$$T = \frac{2\pi}{\omega} = 2\pi\sqrt{\frac{l}{g}}$$

である. □

4.2 減 衰 振 動

ばねに取り付けられた物体の運動に，速度に比例する空気抵抗を考慮すると，運動方程式は

$$m\ddot{x} = -kx - R\dot{x} \tag{4.14}$$

で与えられる．空気抵抗を考慮しない $(R = 0)$ ときの解は角振動数 $\omega_0 = \sqrt{\frac{k}{m}}$ の単振動であるが，空気抵抗を考慮すると振幅は徐々に減衰していくと予想される．そこで，振幅の指数関数的な減衰をあらかじめ解のなかに組み込んで，

$$x(t) = u(t)e^{-\lambda t} \tag{4.15}$$

と表すことにしよう．これを運動方程式に代入して $u(t)$ の従う方程式を導く．正の定数 λ の選び方は任意であり，後ほど $u(t)$ の従う方程式が簡単になるように定めることとする．式 (4.15) を時間で微分すると，

$$\dot{x} = (\dot{u} - \lambda u)e^{-\lambda t},$$

$$\ddot{x} = (\ddot{u} - 2\lambda\dot{u} + \lambda^2 u)e^{-\lambda t}.$$

これらを方程式 (4.14) に代入して整理すると

$$m(\ddot{u} - 2\lambda\dot{u} + \lambda^2) = -ku - R(\dot{u} - \lambda u),$$

$$\therefore\ \ddot{u} - \left(2\lambda - \frac{R}{m}\right)\dot{u} + \left(\lambda^2 + \omega_0^2 - \frac{R}{m}\lambda\right)u = 0$$

となる．ここで $\lambda = \frac{R}{2m}$ とおけば $\dot{u}$ の係数が消えて

$$\ddot{u} + (\omega_0^2 - \lambda^2)u = 0 \tag{4.16}$$

が得られる．この方程式の解 $u(t)$ から得られる物体の運動様式は，λ の値によって次の 3 つに分類される．

- $\lambda < \omega_0$ (減衰振動)
- $\lambda > \omega_0$ (過減衰)

- $\lambda = \omega_0$ (臨界減衰)

以下，それぞれの場合についての解の性質を調べていこう．

■ 減衰振動

空気抵抗が十分小さく $\lambda < \omega_0$ $(R < 2\sqrt{mk})$ のとき，$\omega = \sqrt{\omega_0^2 - \lambda^2}$ とおくと方程式 (4.16) は

$$\ddot{u} = -\omega^2 u$$

と表され，$u(t)$ は角振動数 ω の単振動となる．したがって，一般解は

$$x(t) = (c_1 \sin\omega t + c_2 \cos\omega t)e^{-\lambda t} \quad (c_1, c_2 \text{ は定数}), \tag{4.17}$$

または

$$x(t) = A_0 e^{-\lambda t} \sin(\omega t + \phi_0) \quad (A_0 > 0,\ \phi_0 \text{ は定数}) \tag{4.18}$$

と表される．これは，振幅が $A(t) = A_0 e^{-\lambda t}$ のように時間とともに指数関数的に減衰する振動解とみなせることから，**減衰振動** (damped oscillation) という．ここで λ は振幅の減衰の速さを表す減衰定数，また $\tau = \dfrac{1}{\lambda}$ は時定数で，振幅が最初の $\dfrac{1}{e}$ 倍に減衰するのに要する時間を表す．ここでの減衰定数 λ は，ばねにつながれていない自由な物体の速度に対する減衰定数 (3.18) とくらべて $\dfrac{1}{2}$ 倍であることに注意しよう．これは，振動運動では折り返し点の近くで抵抗力がほとんどはたらかず，自由な物体の場合にくらべて減衰がゆるやかに起こるためである．式 (4.17) を時間で微分して物体の速度 $v(t)$ を求めると

$$v(t) = \{(\omega c_1 - \lambda c_2)\cos\omega t - (\omega c_2 + \lambda c_1)\sin\omega t\}e^{-\lambda t}$$

であるから，初期条件 $x(0) = x_0,\ v(0) = v_0$ より定数 c_1, c_2 は，

$$x(0) = c_2 = x_0,$$

$$v(0) = \omega c_1 - \lambda c_2 = v_0, \quad \therefore\ c_1 = \frac{v_0 + \lambda x_0}{\omega}.$$

よって初期条件を満たす解は

$$x(t) = \left(x_0 \cos\omega t + \frac{v_0 + \lambda x_0}{\omega}\sin\omega t\right)e^{-\lambda t} \tag{4.19}$$

で与えられる．減衰因子 $e^{-\lambda t}$ を除いた振動部分の周期は

$$T = \frac{2\pi}{\omega} = \frac{2\pi}{\sqrt{\omega_0^2 - \lambda^2}} \tag{4.20}$$

であり，空気抵抗を考慮しない場合にくらべて振動の周期は長くなる．

■ 過減衰と臨界減衰

抵抗力が大きく $\lambda > \omega_0$ $(R > 2\sqrt{mk})$ のとき，$\eta = \sqrt{\lambda^2 - \omega_0^2}$ とおくと，式 (4.16) は

$$\ddot{u} = \eta^2 u \tag{4.21}$$

と表され，こんどは指数関数 $e^{\eta t}$, $e^{-\eta t}$ が 2 つの独立な解となっていることがわかる．したがって一般解は

$$\begin{aligned} x(t) &= (b_1 e^{\eta t} + b_2 e^{-\eta t})e^{-\lambda t} \\ &= b_1 e^{-(\lambda-\eta)t} + b_2 e^{-(\lambda+\eta)t} \quad (b_1, b_2 \text{ は定数}) \end{aligned} \tag{4.22}$$

のように 2 つの減衰関数の和で表され，振動をともなわない単調な減衰運動となる．このような運動を**過減衰** (overdamping) という．式 (4.22) の右辺第 2 項は第 1 項にくらべて急激に減衰し，時間の経過にともない第 1 項が解の主要部分となる．

初期値問題を考える際には，双曲線関数 (☞ 付録 A.3) を用いて解を

$$x(t) = e^{-\lambda t}(c_1 \sinh \eta t + c_2 \cosh \eta t) \quad (c_1, c_2 \text{ は定数}) \tag{4.23}$$

と表しておくのが便利である．このとき速度 $v(t)$ は

$$v(t) = e^{-\lambda t}\{(c_1\eta - c_2\lambda)\cosh \eta t + (c_2\eta - c_1\lambda)\sinh \eta t\} \tag{4.24}$$

であるから，初期条件 $x(0) = x_0$, $v(0) = v_0$ より，

$$x(0) = c_2 = x_0,$$

$$v(0) = c_1\eta - c_2\lambda = v_0, \quad \therefore\ c_1 = \frac{\lambda x_0 + v_0}{\eta}.$$

よって，初期条件を満たす解は

$$x(t) = e^{-\lambda t}\left(x_0 \cosh \eta t + \frac{\lambda x_0 + v_0}{\eta} \sinh \eta t\right) \tag{4.25}$$

で与えられる．

減衰振動から過減衰に移行する臨界値 $\lambda = \omega_0$ $(R = 2\sqrt{mk})$ に対する解を**臨界減衰** (critical damping) という．このとき式 (4.16) は

$$\ddot{u} = 0 \tag{4.26}$$

と表され，その一般解は t の1次式であるから，

$$x(t) = (c_1 + c_2 t)e^{-\lambda t} \quad (c_1, c_2 \text{ は定数}), \tag{4.27}$$

$$v(t) = \{c_2 - \lambda(c_1 + c_2 t)\}e^{-\lambda t} \tag{4.28}$$

となり，上と同様にして初期条件 $x(0) = x_0$, $v(0) = v_0$ を満たす解は

$$x(t) = [x_0 + (v_0 + \lambda x_0)t]e^{-\lambda t} \tag{4.29}$$

と求められる．なお，この解は式 (4.19) で $\omega \to 0$，あるいは式 (4.25) で $\eta \to 0$ の極限をとることによっても得られる．

問 4.1 初期条件を満たす臨界減衰の解 (4.29) を導け．
[答：一般解 (4.27), (4.28) に初期条件 $x(0) = x_0$, $v(0) = v_0$ を適用することにより $x(0) = c_1 = x_0$,　$v(0) = c_2 - \lambda c_1 = v_0$, $\therefore$ $c_2 = v_0 + \lambda x_0$ となり，解 (4.29) が得られる． □]

図 4.3 は，同じばねと物体の系で同じ初期条件に対する解を，空気抵抗の比例係数 R の3つの異なる値について比較したものである．上のグラフが原点 $x = 0$ で初速度を与えた場合，下のグラフがばねを引き伸ばして静かに放した場合の解を表す．

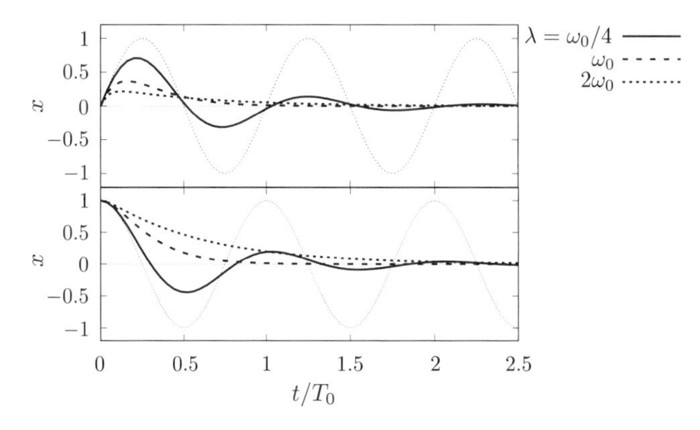

図 4.3 減衰振動 ($\lambda < \omega_0$)，臨界減衰 ($\lambda = \omega_0$)，過減衰 ($\lambda > \omega_0$) の比較．
細い点線は $\lambda = 0$ の単振動を表す．

4.3 強制振動

ばねに取り付けられた物体に，時間について周期的な外力 $F(t) = F_{\mathrm{e}} \sin \Omega t$ (F_{e}, Ω は定数) を加える場合を考える．ここでは，空気抵抗は無視できるものとする．このとき運動方程式は

$$m\ddot{x} = -kx + F_{\mathrm{e}} \sin \Omega t, \tag{4.30}$$

$$\therefore\ \ddot{x} + \omega^2 x = \frac{F_{\mathrm{e}}}{m} \sin \Omega t, \quad \text{ただし} \quad \omega^2 = \frac{k}{m} \tag{4.31}$$

のように非斉次の線形微分方程式となり，その一般解は特殊解 $x_{\mathrm{p}}(t)$ と斉次方程式

$$\ddot{x} + \omega^2 x = 0,$$

すなわち，単振動の一般解の和で表される．運動方程式 (4.31) より，A を定数として

$$x_{\mathrm{p}}(t) = A \sin \Omega t \tag{4.32}$$

の形の解があることがわかり，これを式 (4.31) に代入して

$$(-\Omega^2 + \omega^2)A = \frac{F_{\mathrm{e}}}{m}, \quad \therefore\ A = \frac{F_{\mathrm{e}}}{m(\omega^2 - \Omega^2)} \tag{4.33}$$

が得られる．ただし，ここでは $\Omega \neq \omega$ とする．よって方程式 (4.31) の一般解は

$$x(t) = c_1 \sin \omega t + c_2 \cos \omega t + \frac{F_{\mathrm{e}}}{m(\omega^2 - \Omega^2)} \sin \Omega t \tag{4.34}$$

であり，初期条件を $x(0) = 0, v(0) = 0$ とすると

$$x(0) = c_2 = 0,$$

$$v(0) = c_1 \omega + \frac{F_{\mathrm{e}} \Omega}{m(\omega^2 - \Omega^2)} = 0, \quad \therefore\ c_1 = -\frac{F_{\mathrm{e}} \Omega}{m\omega(\omega^2 - \Omega^2)}.$$

よって，初期条件を満たす解は

$$x(t) = \frac{F_{\mathrm{e}}}{m(\omega^2 - \Omega^2)} \left(\sin \Omega t - \frac{\Omega}{\omega} \sin \omega t \right) \tag{4.35}$$

となる．Ω が ω に近いとき，$\Omega = \omega - 2\epsilon$ とおいて $|\epsilon| \ll \omega$ とすると

$$\begin{aligned} x(t) &= \frac{F_{\mathrm{e}}}{m(\omega - \Omega)(\omega + \Omega)} \left(\sin(\omega - 2\epsilon)t - \frac{\omega - 2\epsilon}{\omega} \sin \omega t \right) \\ &\simeq \frac{F_{\mathrm{e}}}{4m\epsilon(\omega - \epsilon)} \Big(\sin(\omega - 2\epsilon)t - \sin \omega t \Big) \end{aligned}$$

$$\simeq -\frac{F_\mathrm{e}}{2m\epsilon\omega}\cos(\omega-\epsilon)t\cdot\sin\epsilon t \tag{4.36}$$

のように振幅が $1/\epsilon$ に比例する大きな値をもつことがわかる．図 4.4(a) にこの解の時間変化のようすを示す．点線で示した包絡線は $x=\pm\dfrac{F_\mathrm{e}}{2m\epsilon\omega}\sin\epsilon t$ で表され，この関数が長周期 π/ϵ の**うなり**をもたらしている．

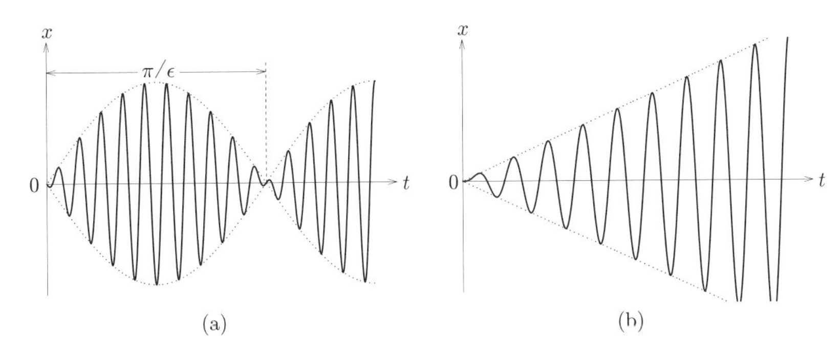

図 4.4 (a) 共鳴周波数近傍 $\Omega=\omega-2\epsilon$，および (b) 共鳴周波数 $\Omega=\omega$ における強制振動の解

■ 共鳴条件 $\Omega=\omega$ における解

外力の角振動数 Ω が振動子の固有の角振動数 $\omega=\sqrt{k/m}$ と一致する場合，

$$x_\mathrm{p}(t)=-\frac{F_\mathrm{e}t}{2m\omega}\cos\omega t \tag{4.37}$$

が特殊解になっていることが，方程式に代入して確かめられる．この解は，図 4.1(b) のように振幅が時間に比例して無限に大きくなるが，これは外力が振動子に同調してエネルギーを与え続けるためである．このような現象を**共鳴** (resonance) または**共振**という．共鳴条件 $\Omega=\omega$ の下での方程式 (4.31) の一般解は

$$x(t)=c_1\sin\omega t+c_2\cos\omega t-\frac{F_\mathrm{e}t}{m\omega}\cos\omega t \tag{4.38}$$

であり，初期条件 $x(0)=0$，$v(0)=0$ を満たす解は

$$x(0)=c_2=0,$$

$$v(0)=c_1\omega-\frac{F_\mathrm{e}}{m\omega}=0 \quad より \quad c_1=\frac{F_\mathrm{e}}{m\omega^2},$$

$$\therefore\ x(t)=\frac{F_\mathrm{e}}{m\omega^2}(\sin\omega t-\omega t\cos\omega t) \tag{4.39}$$

と求められる.

ブランコをこぐ際，振り子運動の周期に合わせて体重移動することにより振れ角を増大させる．また，長周期地震動とよばれる周期の長い地震波が到達すると，この値に近い振動周期をもつ高層ビルに大きな揺れが生じる．これらは振動体に共鳴条件を満たす周期的外力が加わったものであり，共鳴現象として理解することができる.

4.4 複素関数による振動の記述

4.2 節で述べたように，線形微分方程式 (4.14) の解は，係数の値によって振動関数になったり減衰関数になったりし，その一般解は三角関数と指数関数の組合せで表される．以下では，複素変数に拡張された指数関数が振動解と減衰解とを統一的に扱うことを可能にし，線形微分方程式の系統的で簡潔な解法を与えてくれることをみていこう.

■ 複素変数の指数関数

指数関数 e^x は，以下のようにして複素変数 $z = x + iy\,(x,\, y$ は実数) に拡張することができる.

$$e^z = e^{x+iy} = e^x e^{iy} \tag{4.40}$$

ここで，純虚数 iy の指数関数は三角関数を用いて

$$e^{iy} = \cos y + i \sin y \tag{4.41}$$

と表される．この関係式を**オイラー** (Euler) **の公式**という．付録 A.2 に証明を示してあるが，ここでは式 (4.41) を指数関数 e^{iy} の定義であると考えてもらっても差し支えない.

複素数の指数関数 $e^{z_1} = e^{x_1+iy_1}$ と $e^{z_2} = e^{x_2+iy_2}$ の積について

$$\begin{aligned}
e^{z_1} e^{z_2} &= e^{x_1+x_2} e^{iy_1} e^{iy_2} \\
&= e^{x_1+x_2} (\cos y_1 + i \sin y_1)(\cos y_2 + i \sin y_2) \\
&= e^{x_1+x_2} \{\cos(y_1 + y_2) + i \sin(y_1 + y_2)\} \\
&= e^{x_1+x_2} e^{i(y_1+y_2)} \\
&= e^{x_1+x_2+i(y_1+y_2)} = e^{z_1+z_2}
\end{aligned}$$

のような実数の指数関数と同じ関係式が成り立つ．また，複素定数 $c = a + ib$ (a, b は実数) を含む指数関数の微分について

$$\begin{aligned}\frac{d}{dt}e^{ct} &= \frac{d}{dt}\left[e^{at}(\cos bt + i\sin bt)\right]\\ &= ae^{at}(\cos bt + i\sin bt) + e^{at}b(-\sin bt + i\cos bt)\\ &= (a+ib)e^{at}(\cos bt + i\sin bt)\\ &= ce^{ct} \end{aligned} \tag{4.42}$$

が成り立つ．

ちなみに，三角関数の諸定理を導く際にもオイラーの公式が役立つ場合がある．例えば，$e^{i(\alpha+\beta)} = e^{i\alpha}e^{i\beta}$ にオイラーの公式を適用すると

$$\begin{aligned}\cos(\alpha+\beta) + i\sin(\alpha+\beta) &= (\cos\alpha + i\sin\alpha)(\cos\beta + i\sin\beta)\\ &= \cos\alpha\cos\beta - \sin\alpha\sin\beta + i(\sin\alpha\cos\beta + \cos\alpha\sin\beta)\end{aligned}$$

となり，両辺の実部と虚部を比較することにより加法定理が得られる．また $e^{in\theta} = (e^{i\theta})^n$ にオイラーの公式を適用し，

$$\cos n\theta + i\sin n\theta = (\cos\theta + i\sin\theta)^n$$

の両辺の実部と虚部をそれぞれ比較することにより n 倍角の公式を簡単に導くことができる．

問 4.2 オイラーの公式を利用して $\cos 5\theta$ を $\cos\theta$ で表す 5 倍角の公式を導け．

[答：$\cos 5\theta = 16\cos^5\theta - 20\cos^3\theta + 5\cos\theta$]

■ 減衰振動の方程式の解

減衰振動の方程式

$$\ddot{x} + 2\lambda\dot{x} + \omega_0^2 x = 0 \tag{4.43}$$

を考える．この方程式の実数解 $x(t)$ は，λ や ω_0 の値によって減衰振動や過減衰となるが，解を複素関数に拡張することにより，それらを統一的に扱うことができる．いま，複素関数 $z(t) = x(t) + iy(t)$ が，方程式

$$\ddot{z} + 2\lambda\dot{z} + \omega_0^2 z = 0 \tag{4.44}$$

を満たすとする．この式の複素共役をとると

$$\ddot{z}^* + 2\lambda\dot{z}^* + \omega_0^2 z^* = 0 \tag{4.45}$$

で，z^* も同じ方程式の解であり，線形微分方程式の重ね合わせの原理により $x = \frac{1}{2}(z + z^*)$ および $y = \frac{1}{2i}(z - z^*)$，すなわち複素解 z の実部および虚部がこの方程式の独立な 2 つの実数解を与えることがわかる．

方程式 (4.44) の解 $z(t)$ を求めるため，$z = e^{ct}$ (c は一般に複素数) とおいて式 (4.44) に代入すると

$$c^2 e^{ct} + 2\lambda c e^{ct} + \omega_0^2 e^{ct} = 0,$$

$$\therefore \ c^2 + 2\lambda c + \omega_0^2 = 0 \tag{4.46}$$

のように c の 2 次方程式が得られ，この 2 次方程式の 2 つの根 c_1, c_2 に対する指数関数 $e^{c_1 t}, e^{c_2 t}$ が方程式 (4.44) の独立な 2 つの解を与える．2 次方程式 (4.46) の判別式

$$D = \lambda^2 - \omega_0^2$$

の符号によって c_1, c_2 が実数根であるか複素数根であるかが決まる．$D > 0$ すなわち $\lambda > \omega_0$ であれば c_1, c_2 は実数であり，$\eta = \sqrt{\lambda^2 - \omega_0^2}$ とおくと

$$z(t) = e^{-(\lambda \pm \eta)t} \tag{4.47}$$

となって，過減衰の解を与える．$D < 0$ すなわち $\lambda < \omega_0$ であれば c は複素数であり，$\omega = \sqrt{\omega_0^2 - \lambda^2}$ とおくと

$$z(t) = e^{(-\lambda \pm i\omega)t} = e^{-\lambda t}(\cos \omega t \pm i \sin \omega t) \tag{4.48}$$

となって，減衰振動の解を与える．$\lambda = \omega_0$ のとき方程式 (4.46) の根は重根 $c = -\lambda$ となり，解が $z = e^{-\lambda t}$ の一つしか得られないが，このほかに $z = te^{-\lambda t}$ が解になることが微分方程式に代入することにより確かめられる．これより臨界減衰の一般解 (4.27) が得られる．

問 4.3 $\lambda = \omega_0$ のとき，$z = te^{-\lambda t}$ が微分方程式 (4.44) を満たすことを確かめよ．

■ 強制振動の方程式の解

周期外力 $F(t) = F_{\mathrm{e}} \sin \Omega t$ の下での強制振動の方程式

$$\ddot{x} + 2\lambda \dot{x} + \omega_0^2 x = \frac{F_{\mathrm{e}}}{m} \sin \Omega t \tag{4.49}$$

の解を複素関数を用いて求めよう．複素関数 $z(t)$ についての方程式

$$\ddot{z} + 2\lambda \dot{z} + \omega_0^2 z = \frac{F_{\mathrm{e}}}{m} e^{i\Omega t} \tag{4.50}$$

を考えると，この式の両辺の虚部をとって式 (4.49) と比較すればわかるように，方程式 (4.50) の解 $z(t)$ の虚部が求める実数解となる．特殊解を $z_{\mathrm{p}}(t) = Ce^{i\Omega t}$ (C は複素定数) とおいて代入すると

$$(-\Omega^2 + 2i\lambda\Omega + \omega_0^2)C = \frac{F_{\mathrm{e}}}{m}$$

より，

$$C = \frac{F_{\mathrm{e}}/m}{\omega_0^2 - \Omega^2 + 2i\lambda\Omega} = \frac{F_{\mathrm{e}}/m}{\sqrt{(\omega_0^2 - \Omega^2)^2 + (2\lambda\Omega)^2}} e^{-i\phi_0},$$

$$\text{ただし，}\quad \phi_0 = \arg(\omega_0^2 - \Omega^2 + 2i\lambda\Omega)$$

$$\therefore\ z_{\mathrm{p}}(t) = Ce^{i\Omega t} = \frac{F_{\mathrm{e}}/m}{\sqrt{(\omega_0^2 - \Omega^2)^2 + (2\lambda\Omega)^2}} e^{i(\Omega t - \phi_0)}. \tag{4.51}$$

したがって，求める実数解は

$$\begin{aligned} x_{\mathrm{p}}(t) &= \mathrm{Im}\, z_{\mathrm{p}}(t) \\ &= \frac{F_{\mathrm{e}}/m}{\sqrt{(\omega_0^2 - \Omega^2)^2 + (2\lambda\Omega)^2}} \sin(\Omega t - \phi_0) \end{aligned} \tag{4.52}$$

となる．一般解は，特殊解 $x_{\mathrm{p}}(t)$ と斉次方程式 (4.43) の一般解の和で表されるが，斉次方程式の解は減衰解であり時間とともに減衰するので，十分時間が経過した後は特殊解 (4.52) だけが生き残る．

図 4.5 は，解 (4.52) の振幅

$$A = \frac{F_{\mathrm{e}}/m}{\sqrt{(\omega_0^2 - \Omega^2)^2 + (2\lambda\Omega)^2}}$$

が周期外力の角振動数 Ω に対してどのように変化するかを示したもの (共鳴曲線) である．4 つの曲線は λ の 4 つの異なる値に対応する．空気抵抗を考慮しないときの解 (4.37) のような時間に比例する振幅の増大は起こらないが，振幅は $\Omega = \omega_0$ の近傍で極大を示し，その極大は λ が小さいほど鋭くなる．なお，グラフの縦軸は $\Omega \to 0$ の極限での振幅 $A_0 = \dfrac{F_{\mathrm{e}}}{k}$ に対する振幅 A の比を表す．

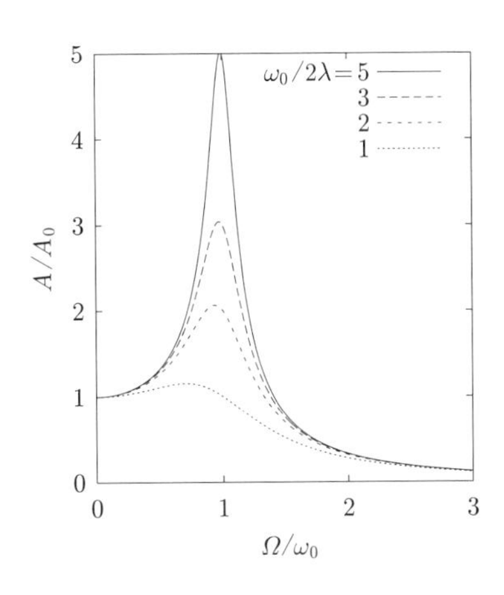

図 4.5 強制振動の共鳴曲線

問 4.4 強制振動の解 (4.52) で，振幅が最大となる Ω を求めよ．

[答： $\Omega = \sqrt{\omega_0^2 - 2\lambda^2}$ (ただし $\omega_0 > \sqrt{2}\lambda$)]

4.5 単振り子

一様重力の下で，定点Oから長さ l の糸で吊された質量 m の物体の鉛直面内での振り子運動を考える．物体にはたらく力は重力 mg と糸が物体を引く張力 S であり，この張力が束縛力となって物体の運動は定点Oを中心とする半径 l の円周上に束縛される．振り子運動の記述には，支点を原点とする平面極座標 (r, θ) が便利である．ここで角度 θ は鉛直下方からの糸の振れ角とする．動径座標 r は糸の長さ l に等しく一定であるので，加速度ベクトル (1.26) は

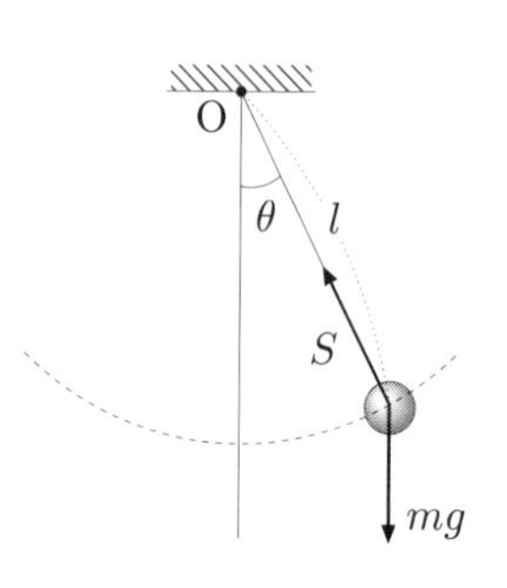

図 4.6 単振り子

$$\boldsymbol{a} = l(\ddot{\theta}\boldsymbol{e}_\theta - \dot{\theta}^2\boldsymbol{e}_r) \tag{4.53}$$

と表される．物体にはたらく力は鉛直下向きの重力 mg と糸の張力 S であり，鉛直下向きの単位ベクトルは

$$\boldsymbol{e}_z = \boldsymbol{e}_r\cos\theta - \boldsymbol{e}_\theta\sin\theta$$

と表されることから，運動方程式は

$$ml(\ddot{\theta}\boldsymbol{e}_\theta - \dot{\theta}^2\boldsymbol{e}_r) = mg(\boldsymbol{e}_r\cos\theta - \boldsymbol{e}_\theta\sin\theta) - S\boldsymbol{e}_r \tag{4.54}$$

と書ける．この方程式を動径方向と角度方向に分けて表すと

$$ml\dot{\theta}^2 = S - mg\cos\theta, \tag{4.55}$$

$$ml\ddot{\theta} = -mg\sin\theta \tag{4.56}$$

となる．ここでは方程式 (4.56) が振れ角 θ の時間変化を記述する．

$$\ddot{\theta} = -\frac{g}{l}\sin\theta \tag{4.57}$$

より，θ の時間変化はおもりの質量 m によらない．また，振れ角が十分小さければ $\sin\theta \simeq \theta$ と近似できて，式 (4.57) は

$$\ddot{\theta} = -\frac{g}{l}\theta \equiv -\omega_0^2\theta, \quad \text{ただし，} \omega_0 = \sqrt{\frac{g}{l}} \tag{4.58}$$

となる．したがって θ の時間変化は角振動数 ω_0 の単振動となり，振り子の周期 T は

$$T = \frac{2\pi}{\omega_0} = 2\pi\sqrt{\frac{l}{g}} \tag{4.59}$$

となる．

このように，振幅の小さい範囲において，振り子の周期が振幅によらず一定であることを**振り子の等時性**という．振幅が大きくなると等時性は破れ，振幅の増大とともに周期は長くなる．有限振幅の振り子の周期は，楕円積分という特殊な関数を用いて厳密に表すことができる (☞ 付録 A.4)．振れ角 θ の時間変化 $\theta(t)$ がわかれば，動径方向の運動方程式 (4.55) より糸の張力 S が求められる．

演習問題 4

4.1 ばね定数が k_1 および k_2 である 2 つのばねを一直線状につなぎ，一方の端を天井に固定し，もう一方の端に質量 m のおもりを吊して鉛直方向に単振動させる．このときの単振動の角振動数を求めよ．

4.2 ある物体をばねに取り付けて空気中で振動させると，振幅が最初の値の $\dfrac{1}{e}$ 倍に減衰するまでの時間 (時定数) は 2.0 s であった．この物体を空気中で自由落下させたときの終端速度の大きさを求めよ．ただし物体には速度に比例する空気抵抗がはたらくとし，重力加速度の大きさを $9.8\,\mathrm{m/s^2}$ とする．

4.3 底面のなめらかな容器内で，質量 100 g の物体がばね定数 $k = 2.5\,\mathrm{N/m}$ のばねで水平につながれている．容器内に水があるとき，物体は速度 v および水深 h に比例する抵抗力 $-Chv$ を水から受ける．比例係数を $C = 100\,\mathrm{Pa \cdot s}$ とすると，物体の運動が過減衰となるには水深 h はいくらより大きくなければならないか．

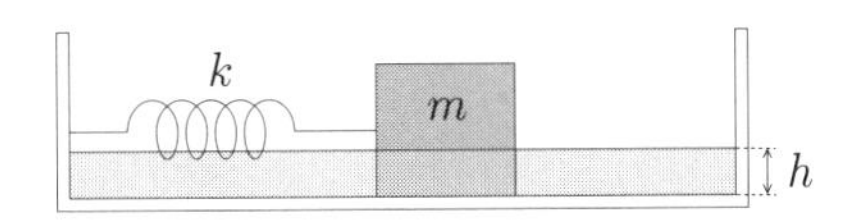

4.4 なめらかな水平面上に，ばね定数 k，自然長 L のばねで水平につながれた質量 m の小物体 A が静止している．このときの小物体 A の位置を原点としてばねの方向に x 軸をとる．時刻 $t=0$ に，ばねのもう一方の端 B を x 軸方向に振幅 D，角振動数 Ω で動かし始める．このとき，B 点の位置は $x_{\mathrm{B}}(t)=L+D\sin\Omega t$ と表される．空気抵抗は無視できるとして，$t\geq 0$ における小物体 A の位置 $x(t)$ を求めよ．(共鳴条件は考慮しなくてよい．)

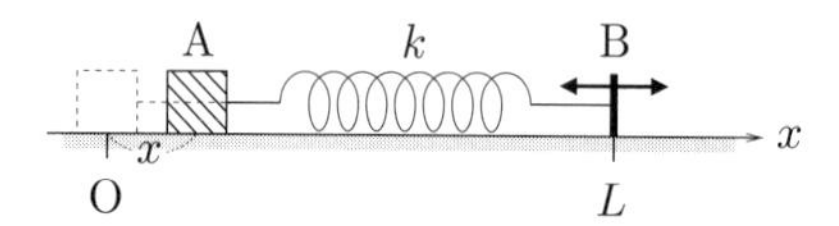

4.5 なめらかな水平面上で，質量 m の物体がばね定数 k のばねで水平につながれている．時間 t の関数として変化する風速 $V=V_0\sin\Omega t$ の風を物体にあてると，物体には空気に対する相対速度 $v-V$ に比例する空気抵抗 $-R(v-V)$ がはたらく．このときの物体の運動を求めよ．また，ある決まった V_0 に対して，運動の振幅を最大にするには Ω をどのように選べばよいか．

5
非慣性系と慣性力

ニュートンの運動の法則は慣性系における運動を記述するが，加速度運動している乗物の内部など，慣性の法則が成り立たない基準系 (非慣性系) での運動の記述が必要となる場合がある．地表に固定された基準系は地球の自転とともに回転しているので慣性系ではないが，実際にはあたかも慣性系であるかのように運動の法則を用いて物体の運動を記述することができている．この章では，座標変換によって慣性系での運動法則を非慣性系に変換したとき，運動方程式がどのように修正されるかを考える．このとき，基準系に応じた慣性力という見かけの力を導入することにより，非慣性系でも慣性系と同様に運動方程式を用いて物体の運動が記述できることを示す．

5.1　並進加速度系

図 5.1 のように，点 O を原点とする慣性系 O と，点 O$'$ を原点とする別の基準系 O$'$ を考える．基準系 O$'$ が慣性系 O に対して一定の速度 $\boldsymbol{v}_0$ で並進運動しているとき，系 O から見た点 O$'$ の位置ベクトルを $\boldsymbol{r}_{\mathrm{O}'} = \overrightarrow{\mathrm{OO}'}$ とすると，

$$\dot{\boldsymbol{r}}_{\mathrm{O}'} = \boldsymbol{v}_0, \tag{5.1}$$

$$\therefore \quad \boldsymbol{r}_{\mathrm{O}'}(t) = \boldsymbol{c}_0 + \boldsymbol{v}_0 t \tag{5.2}$$

となる．ただし定ベクトル $\boldsymbol{c}_0$ は，$t = 0$ での点 O$'$ の位置を表す．このとき，系 O での位置ベクトルが $\boldsymbol{r}$ である点 P の，系 O$'$ における位置ベクトル $\boldsymbol{r}'$ は

$$\boldsymbol{r}' = \boldsymbol{r} - \boldsymbol{r}_{\mathrm{O}'} = \boldsymbol{r} - \boldsymbol{c}_0 - \boldsymbol{v}_0 t \tag{5.3}$$

と表される．位置ベクトルのこのような時間について線形な変換を**ガリレイ (Galilei) 変換**という．この変換を用いて，系 O での運動方程式

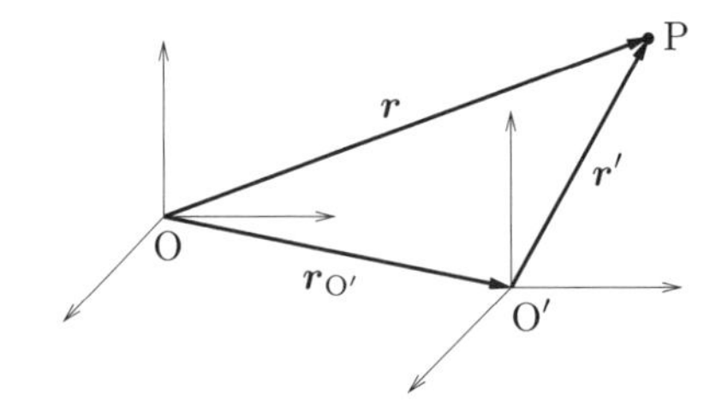

図 5.1 慣性系 O に対して並進運動する基準系 O′

$$m\ddot{\boldsymbol{r}} = \boldsymbol{f} \tag{5.4}$$

を系 O′ に変換すると

$$m\frac{d^2}{dt^2}(\boldsymbol{r}_{\mathrm{O}'} + \boldsymbol{r}') = m\ddot{\boldsymbol{r}}' = \boldsymbol{f}. \tag{5.5}$$

これより系 O′ において，力がはたらいていないとき物体の加速度は 0 であり，慣性の法則が成り立つので，系 O′ は慣性系であることがわかる．このように，慣性系に対して等速度運動する系はすべて慣性系であり，運動の法則はガリレイ変換に対して不変である．これを**ガリレイの相対性原理**という．

次に，慣性系 O に対して系 O′ が一定の加速度 $\boldsymbol{a}_0$ で並進運動している場合を考える．このとき，

$$\boldsymbol{r}' = \boldsymbol{r} - \boldsymbol{r}_{\mathrm{O}'}, \quad \ddot{\boldsymbol{r}}_{\mathrm{O}'} = \boldsymbol{a}_0 \tag{5.6}$$

が成り立ち，これらを用いて慣性系 O での運動方程式を加速度系 O′ に変換すると

$$m\frac{d}{dt}(\boldsymbol{r}' + \boldsymbol{r}_{\mathrm{O}'}) = m\ddot{\boldsymbol{r}} + m\boldsymbol{a}_0 = \boldsymbol{f},$$

よって

$$m\ddot{\boldsymbol{r}}' = \boldsymbol{f} + \boldsymbol{f}_{\mathrm{I}}, \quad ただし \quad \boldsymbol{f}_{\mathrm{I}} = -m\boldsymbol{a}_0 \tag{5.7}$$

となる．このように，系 O′ では物体に力がはたらいていなくても加速度が生じるので，この系は非慣性系である．しかしながら式 (5.7) は，$\boldsymbol{f}_{\mathrm{I}} = -m\boldsymbol{a}_0$ という項を物体にはたらく力に付け加えて運動方程式を考えることにより，系 O′ での物体の運動を正しく記述できることを表している．このような，並進加速度系における見かけの力 $\boldsymbol{f}_{\mathrm{I}}$ を**慣性力** (inertial force) という．

例題 5.1

一定の加速度 a_0 で上昇するエレベータ内に置かれた質量 m の物体がエレベータの床面から受ける力を求めよ.

【解答】 エレベータに固定された基準系において，物体にはたらく力は重力 mg，床面からの垂直抗力 N，および鉛直下向きの慣性力 ma_0 である．これらの力がつり合って物体はエレベータ内に静止しているので，

$$N - mg - ma_0 = 0, \quad \therefore\ N = m(g + a_0)$$

となる. □

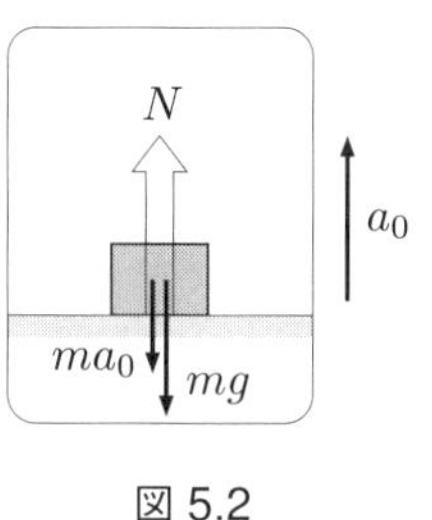

図 5.2

この問題を慣性系で考えれば，物体は重力と床からの垂直抗力を受けて鉛直上向きの加速度 a_0 で運動しているので，運動方程式より

$$ma_0 = N - mg, \quad \therefore\ N = m(g + a_0)$$

となり，基準系によらず同じ結果が得られる.

例題 5.2

一定の水平な加速度 a_0 で走る電車内で天井から糸で吊されたおもりが静止しているとき，糸の傾きを求めよ.

【解答】 右図のように，糸の鉛直方向からの角度を θ，張力を T として，電車内での重力，糸の張力，および慣性力のつり合いを考えると，

$$T\cos\theta - mg = 0,$$

$$T\sin\theta - ma_0 = 0,$$

T を消去すれば

$$\tan\theta = \frac{T\sin\theta}{T\cos\theta} = \frac{a_0}{g}$$

となる. □

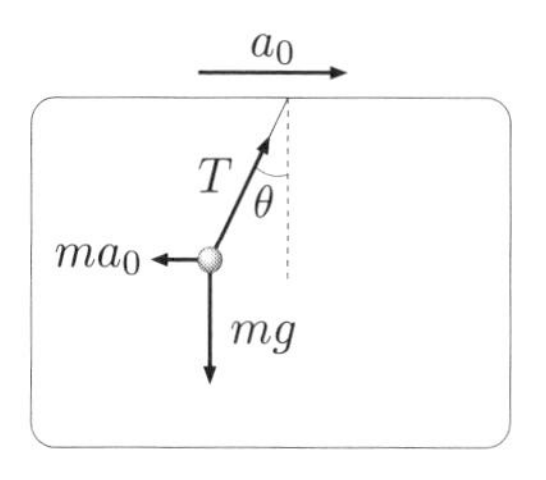

図 5.3

5.2 2次元回転系

ここでは，(x, y) 平面上における物体の運動を，原点 O を中心として回転する基準系 (**回転系**, rotating frame) から見たときの運動について考える．静止系での座標系を O-xy とし，原点 O を中心として回転する座標系を O-$x'y'$ とする．図 5.4 に示すように，静止系を基準とする回転系の正の向き (反時計まわり) の回転角を θ として，まず最初に (x, y) と (x', y') の関係を求めよう．どちらの座標系でも原点からの距離 r は等しいので，平面極座標を用いて

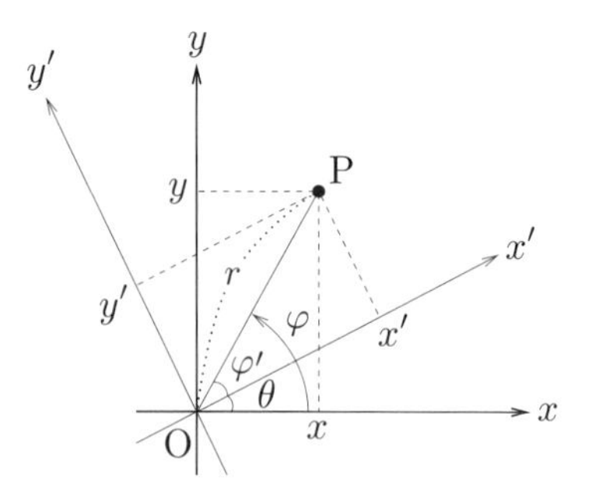

図 5.4 2次元回転座標変換

$$
\begin{aligned}
(x, y) &= (r\cos\varphi, r\sin\varphi), \\
(x', y') &= (r\cos\varphi', r\sin\varphi'), \quad \text{ただし} \quad \varphi = \varphi' + \theta
\end{aligned} \tag{5.8}
$$

と書ける．したがって，2つの系の座標のあいだに

$$
\begin{aligned}
\begin{pmatrix} x \\ y \end{pmatrix} &= \begin{pmatrix} r\cos(\varphi' + \theta) \\ r\sin(\varphi' + \theta) \end{pmatrix} = \begin{pmatrix} r\cos\varphi'\cos\theta - r\sin\varphi'\sin\theta \\ r\sin\varphi'\cos\theta + r\cos\varphi'\sin\theta \end{pmatrix} \\
&= \begin{pmatrix} x'\cos\theta - y'\sin\theta \\ y'\cos\theta + x'\sin\theta \end{pmatrix} \\
&= \begin{pmatrix} \cos\theta & -\sin\theta \\ \sin\theta & \cos\theta \end{pmatrix} \begin{pmatrix} x' \\ y' \end{pmatrix}
\end{aligned} \tag{5.9}
$$

の関係が成り立つことがわかる．このように行列を用いて線形変換を表す場合には，ベクトルを，その成分を縦に並べた列ベクトルで表さなくてはならない．式 (5.9) の右辺にある 2×2 行列は **2次元回転行列**であり，これを用いて回転座標変換は

$$
\boldsymbol{r} = R(\theta)\boldsymbol{r}', \quad \text{ただし} \quad R(\theta) = \begin{pmatrix} \cos\theta & -\sin\theta \\ \sin\theta & \cos\theta \end{pmatrix} \tag{5.10}
$$

と表される．回転行列は以下のような性質をもつ：

$$
R(0) = \begin{pmatrix} 1 & 0 \\ 0 & 1 \end{pmatrix} = 1 \quad (\text{単位行列}),
$$

$$R(\pi) = \begin{pmatrix} -1 & 0 \\ 0 & -1 \end{pmatrix} = -1,$$

$$R(\theta_1)R(\theta_2) = R(\theta_1 + \theta_2),$$

$$R^{-1}(\theta) = R(-\theta) \quad (\text{逆行列}).$$

この関係をもとにして，回転系における速度と加速度について考えよう．回転角 θ が時間とともに変化する t の関数であることに注意して，回転座標変換の式 (5.10) の両辺を t で微分すると

$$\dot{\boldsymbol{r}} = R(\theta)\dot{\boldsymbol{r}}' + \dot{R}(\theta)\boldsymbol{r}' \tag{5.11}$$

となる．ここで，右辺第 2 項にある回転行列の時間微分は

$$\begin{aligned} \dot{R}(\theta) &= \dot{\theta}\frac{dR}{d\theta} = \omega \begin{pmatrix} -\sin\theta & -\cos\theta \\ \cos\theta & -\sin\theta \end{pmatrix} \quad (\omega = \dot{\theta}) \\ &= \omega \begin{pmatrix} \cos\theta & -\sin\theta \\ \sin\theta & \cos\theta \end{pmatrix} \begin{pmatrix} 0 & -1 \\ 1 & 0 \end{pmatrix} \\ &= \omega R(\theta)X, \quad \text{ただし} \quad X = \begin{pmatrix} 0 & -1 \\ 1 & 0 \end{pmatrix} \end{aligned} \tag{5.12}$$

と表される．行列 X は $\frac{\pi}{2}$ 回転を表す回転行列 $R(\frac{\pi}{2})$ に等しく，

$$X = R(\tfrac{\pi}{2}), \quad X^2 = R(\pi) = -1 \tag{5.13}$$

が成り立つ．よって式 (5.10), (5.12) より，速度は

$$\dot{\boldsymbol{r}} = R(\theta)\dot{\boldsymbol{r}}' + \omega R(\theta)X\boldsymbol{r}' = R(\theta)\left(\boldsymbol{v}' + \omega X\boldsymbol{r}'\right) \tag{5.14}$$

となり，さらにこの両辺を t で微分することにより，加速度が

$$\begin{aligned} \ddot{\boldsymbol{r}} &= R\ddot{\boldsymbol{r}}' + \omega RX\dot{\boldsymbol{r}}' + \omega RX\dot{\boldsymbol{r}}' + \omega^2 RX^2\boldsymbol{r}' + \dot{\omega}RX\boldsymbol{r}' \\ &= R\ddot{\boldsymbol{r}}' - \omega^2 R\boldsymbol{r}' + 2\omega RX\dot{\boldsymbol{r}}' + \dot{\omega}RX\boldsymbol{r}' \\ &= R(\theta)\left(\boldsymbol{a}' - \omega^2\boldsymbol{r}' + 2\omega X\boldsymbol{v}' + \dot{\omega}X\boldsymbol{r}'\right) \end{aligned} \tag{5.15}$$

となることがわかる．ここで $\boldsymbol{v}' = \dot{\boldsymbol{r}}'$ および $\boldsymbol{a}' = \ddot{\boldsymbol{r}}'$ は回転系での速度および加速度を表しており，これらは $\boldsymbol{v} \neq R(\theta)\boldsymbol{v}'$, $\boldsymbol{a} \neq R(\theta)\boldsymbol{a}'$，すなわち静止系での速度や加速度を回転変換したものとは異なることに注意しよう．静止系で物体にはたらく力を $\boldsymbol{f}$ とすると，回転系での力のベクトル $\boldsymbol{f}'$ は回転変換により $\boldsymbol{f} = R(\theta)\boldsymbol{f}'$ の関係を満たすので，静止系の運動方程式

$$m\ddot{\boldsymbol{r}} = \boldsymbol{f}$$

を回転座標変換することにより，回転系での運動方程式が

$$mR(\theta)\left(\boldsymbol{a}' - \omega^2\boldsymbol{r}' + 2\omega X\boldsymbol{v}' + \dot{\omega}X\boldsymbol{r}'\right) = R(\theta)\boldsymbol{f}',$$

$$\therefore\ m\boldsymbol{a}' = \boldsymbol{f}' + \boldsymbol{f}_{\mathrm{I1}} + \boldsymbol{f}_{\mathrm{I2}} + \boldsymbol{f}_{\mathrm{I3}} \tag{5.16}$$

ただし，　$\boldsymbol{f}_{\mathrm{I1}} = m\omega^2\boldsymbol{r}',\quad \boldsymbol{f}_{\mathrm{I2}} = -2m\omega X\boldsymbol{v}',\quad \boldsymbol{f}_{\mathrm{I3}} = -m\dot{\omega}X\boldsymbol{r}'$

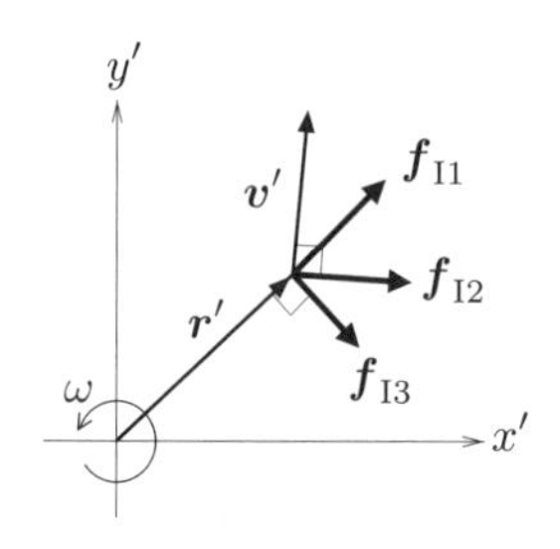

図 5.5 回転系における慣性力

という形に表されることがわかる．式 (5.16) 右辺の $\boldsymbol{f}_{\mathrm{I1}}$，$\boldsymbol{f}_{\mathrm{I2}}$，$\boldsymbol{f}_{\mathrm{I3}}$ が回転系での見かけの力，すなわち慣性力であり，これらの慣性力を考慮した運動方程式を用いることによって回転系での物体の運動が記述できる．$\boldsymbol{f}_{\mathrm{I1}}$ は**遠心力** (centrifugal force) とよばれ，動径方向に中心から外向きにはたらく．$\boldsymbol{f}_{\mathrm{I2}}$ は**コリオリ力** (Coriolis force) とよばれ，図 5.5 のように，回転系から見た速度 $\boldsymbol{v}'$ に対して系の回転の向きと反対に 90° の向きにはたらく．$\boldsymbol{f}_{\mathrm{I3}}$ は**横慣性力** (transverse inertial force) といい，角速度が時間変化するとき角度方向の加速度と逆向きにはたらく．図 5.5 の $\boldsymbol{f}_{\mathrm{I3}}$ は $\dot{\omega} > 0$ の場合の向きを表す．

遠心力は，乗り物が曲線路を進むときなどに搭乗者が乗り物の曲がる向きの反対側へ押し出されるように感じる力として日常的に経験することができる．自転する地球の表面に固定された基準系は回転系であり，自転よる慣性力が地表の物体の運動にわずかな影響を与えている．地球の自転による遠心力は地軸に対して垂直外向きにはたらくが，我々は地球からの重力とこの遠心力との合力を見かけ上の重力として感じている．地球のまわりを円軌道を描いて運動する人工衛星の中では地球からの重力と遠心力とがちょうどつり合っており，見かけ上の無重力状態となっている．

また，コリオリ力の例としては，高気圧，低気圧のまわりの気流に対する影響がある．地球を北極側から見ると反時計まわりに自転しているので，北半球では，地表を運動する物体には速度方向に向かって右向きにコリオリ力がはたらく．図 5.6 のように，高気圧から吹き出す気流は右向きのコリオリ力を受けて右巻きの渦をつくる．また，低気圧に吹き込む気流は右向きのコリオリ力により右にそれるため左巻きの渦をつくる．

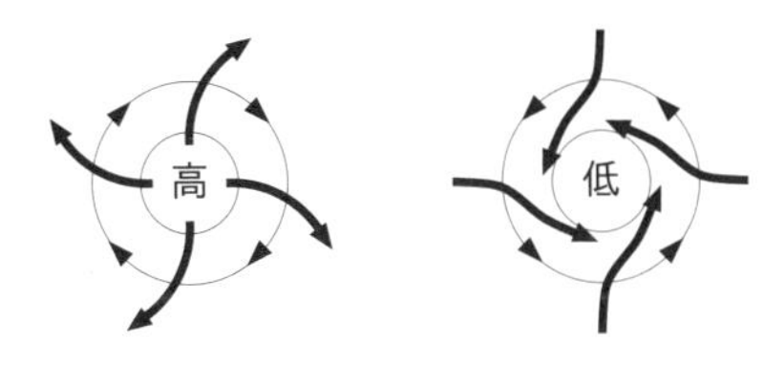

図 5.6　高気圧，低気圧のまわりの気流に対するコリオリ力の影響

例題 5.3　地球の自転による遠心力

地表にいる人は，地球からの真の重力と地球の自転による遠心力との合力を，見かけの重力 (実効重力) として観測する．北緯 $\phi = 35^\circ$ における実効重力による重力加速度の大きさ g_e は真の重力加速度の大きさ $g \simeq 9.8\,\mathrm{m/s^2}$ に対してどのくらいの割合だけ変化しているか．ただし，地球を半径 $R = 6400\,\mathrm{km}$ の球体とする．

【解答】　地球の自転の角速度は

$$\omega = \frac{2\pi}{24 \times 3600} = 7.27 \times 10^{-5}\,\mathrm{rad/s}$$

で，地表の物体 (質量 m) にはたらく遠心力は，地球の自転軸 (地軸) に垂直な向きに

$$mR\omega^2 \cos\phi = m\alpha, \quad ただし \quad \alpha = R\omega^2 \cos\phi.$$

したがって，実効重力加速度は，真の重力加速度 $\boldsymbol{g}$ と遠心加速度 $\boldsymbol{\alpha}$ の和により，

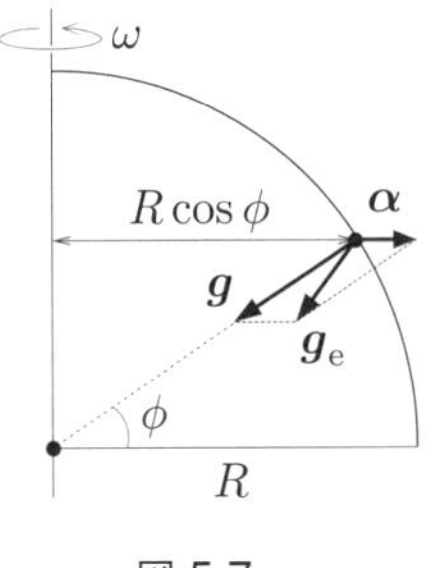

図 5.7

$$\boldsymbol{g}_\mathrm{e} = \boldsymbol{g} + \boldsymbol{\alpha},$$

$$\therefore\ g_\mathrm{e} = \sqrt{|\boldsymbol{g}|^2 + 2\boldsymbol{g}\cdot\boldsymbol{\alpha} + |\boldsymbol{\alpha}|^2} = \sqrt{g^2 - 2g\alpha\cos\phi + \alpha^2} \tag{5.17}$$

となる．

$$R\omega^2 = 6.4 \times 10^6 \cdot (7.27 \times 10^{-5})^2 = 0.0338\,\mathrm{m/s^2}$$

より $\alpha \ll g$ であるから，式 (5.17) で g^2 に対して α^2 を無視する近似により

$$g_\mathrm{e} \simeq g\left(1 - \frac{2\alpha\cos\phi}{g}\right)^{1/2} \simeq g\left(1 - \frac{R\omega^2\cos^2\phi}{g}\right) \tag{5.18}$$

が得られる．ここで，

$$\frac{R\omega^2\cos^2\phi}{g} = \frac{0.0338 \times (0.819)^2}{9.8} = 0.0023$$

であり，地球の自転の効果により重力加速度は約 0.23% 小さくなることがわかる．これは質量 60 kg の人の体重計の示す値を約 140 g 軽くする効果に相当する． □

＊ ＊ ＊ ＊ ＊

地球が太陽のまわりを公転することによる遠心力も地表での見かけの重力加速度に影響をおよぼす．この遠心力は，夜間は上向き，昼間は下向きにはたらくため重力加速度に時間変動が生じるが，その変化は重力加速度の大きさの高々 $\dfrac{1}{1600}$ である．(☞ 第 1 章演習問題 1.1)

演習問題 5

5.1 直方体の箱内で，天井から糸でおもりが吊り下げられている．この箱を，水平からの角度が α の斜面上ですべり落とす．箱と斜面の間の動摩擦係数を μ として，おもりが箱の中で静止しているときの，天井の法線方向からの糸の角度 θ を求めよ．

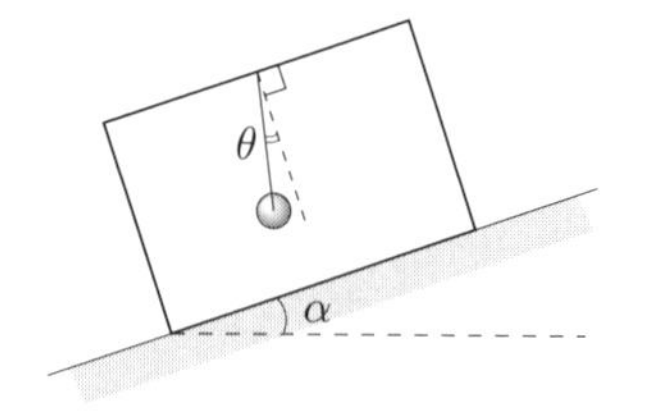

5.2 水平から角度 θ 傾いた荷台の上に荷物を載せたトラックが水平な地面上を走る．荷物と荷台の間の静止摩擦係数を μ_0 として，荷物が荷台をすべらないようなトラックの加速度 a の範囲を求めよ．ただし，$\tan\theta < \mu_0 < 1$ とする．

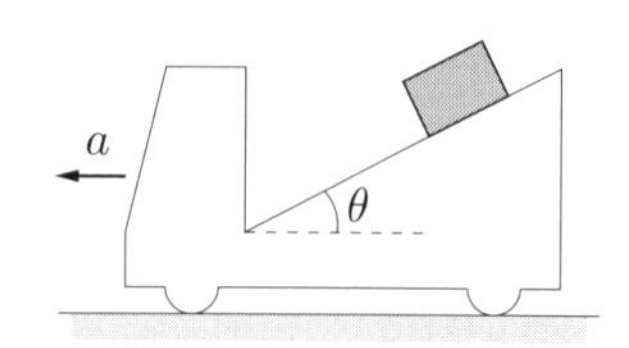

5.3 水平な円板上の，中心から距離 r_0 の位置に質量 m の物体が置かれている．物体と円板の間の静止摩擦係数は μ_0 である．中心をとおる鉛直線を回転軸として円板を回転させる．時間 t とともに回転の角速度を $\omega = \alpha t$ (ただし $r_0\alpha < \mu_0 g$ とする) のように大きくしていくとき，物体がすべり始める時刻を求めよ．(回転系での遠心力と横慣性力を考慮せよ．)

5.4 右図のように長さ l の糸で天井から質量 m のおもりを吊り下げ，空中で水平な等速円運動をさせる．このような運動を**円錐振り子**という．糸の鉛直方向からの角度 θ とおもりの速さ v の関係を求めよ．

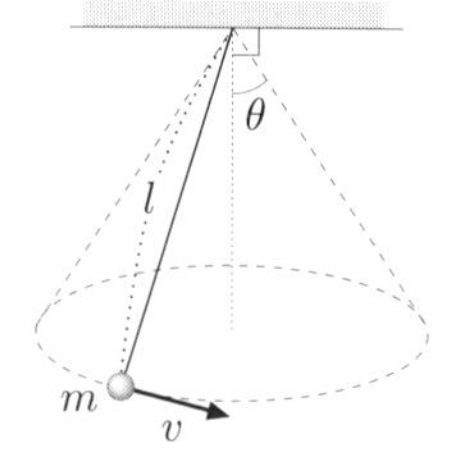

5.5 半径 R の円環に沿ってなめらかに移動する質量 m の小物体を考える．円環の直径を鉛直に立て，これを回転軸として一定の角速度 ω で回転させる．右図のように，おもりの位置 P を回転軸からの動径 OP の角度 θ で表す．角速度をゆっくりと増加させていくと，ある角速度 ω_{c} を超えたところから物体は $\theta > 0$ の位置で円環に対して静止するようになる．この ω_{c} の値と，$\omega > \omega_{\mathrm{c}}$ におけるおもりの円環に対する静止位置 θ を求めよ．

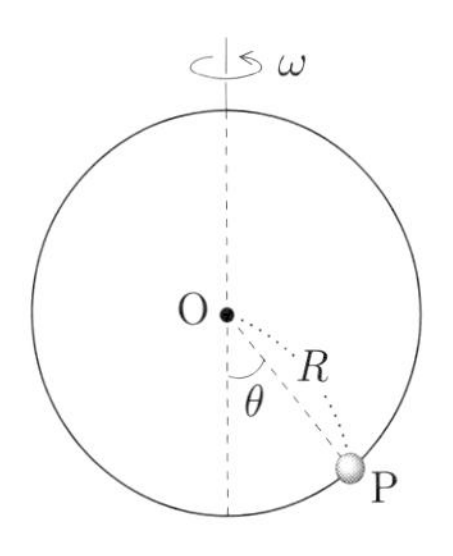

6
運動の積分

本章では，運動方程式を積分することにより，力の積分である力積や仕事と運動状態の変化とのあいだに成り立つ関係を導くとともに，その応用について考えよう．

6.1 運動量と力積

時刻 t に物体にはたらく力が $\boldsymbol{f}(t)$ であるときの，物体の運動の時間変化を考える．物体の運動量を $\boldsymbol{p}$ とすると，運動方程式は

$$\dot{\boldsymbol{p}}(t) = \boldsymbol{f}(t)$$

であり，左辺を時間について $t_1 \leq t \leq t_2$ の範囲で積分すると

$$\int_{t_1}^{t_2} \frac{d\boldsymbol{p}}{dt}\, dt = \Big[\boldsymbol{p}(t)\Big]_{t_1}^{t_2} = \boldsymbol{p}(t_2) - \boldsymbol{p}(t_1), \tag{6.1}$$

よって一般に

$$\boldsymbol{p}(t_2) - \boldsymbol{p}(t_1) = \int_{t_1}^{t_2} \boldsymbol{f}(t)\, dt \tag{6.2}$$

が成り立つ．式 (6.2) の右辺で定義される力の時間に関する積分を**力積** (impulse) という．物体にある時間のあいだ力がはたらくと，その力積の分だけ物体の運動量が変化する．

運動量と力積の関係
物体の運動量変化は，その変化の過程で物体が受けた力積に等しい．

この関係を用いると，物体に力を加える前後での運動状態の変化を，運動方程式の解を求めることなく知ることができる．また逆に，物体の運動状態の変

化から物体が受けた力について知ることができる.

例題 6.1

質量 $m = 200\,\mathrm{g}$ のボールが速さ $v = 10\,\mathrm{m/s}$ で壁に垂直に衝突し，速さ $v' = 8\,\mathrm{m/s}$ で跳ね返った．ボールと壁との衝突時間を $\Delta t = 10^{-2}\,\mathrm{s}$ とすると，この間にボールが壁から受けた平均の力の大きさはいくらか.

【解答】 求める平均の力の大きさを $\bar{f}$ とすると，運動量と力積の関係より

$$mv' - (-mv) = \bar{f}\Delta t,$$

$$\therefore\ \bar{f} = \frac{m(v'+v)}{\Delta t} = \frac{0.2 \times (8+10)}{10^{-2}} = 360\,\mathrm{N}.$$

□

例題 6.2

x 軸の正の向きに速度 v_0 で進む質量 m の物体に力を加え，時間 Δt の間に，速度を大きさ v_0 のまま y 軸の正の向きにするには，平均してどの向きにどれだけの大きさの力が必要であるか.

【解答】 平均の力を $\bar{\boldsymbol{f}}$ とすると，運動量と力積の関係より

$$\bar{\boldsymbol{f}}\Delta t = m\{(0, v_0) - (v_0, 0)\} = mv_0(-1, 1),$$

よって，$\bar{\boldsymbol{f}}$ は $(-1, 1)$ の向きに，大きさ

$$|\bar{\boldsymbol{f}}| = \left|\frac{mv_0}{\Delta t}(-1,\ 1)\right| = \frac{\sqrt{2}mv_0}{\Delta t}$$

である.

□

6.2 運動エネルギーと仕事

6.2.1 運動エネルギーと仕事の関係

ここでは，運動方程式を積分するもう一つの方法について解説する．簡単のため直線上を運動する質量 m の物体を考えると，運動方程式は

$$m\frac{dv}{dt} = f, \quad \therefore\ m\,dv = f\,dt \tag{6.3}$$

で，両辺を積分することにより運動量と力積の関係式

$$mv_2 - mv_1 = \int_{t_1}^{t_2} f(t)\,dt$$

が得られた．v_1, v_2 はそれぞれ時刻 t_1, t_2 における速度を表す．この右辺の力積を計算するには力が時間 t の関数としてわかっている必要があるが，力が位置 x の関数として与えられる場合には，力の x による積分を用いた積分法則が有用であると考えられる．微小時間 dt での変位が $dx = v\,dt$ と表されることに注意して，運動方程式 (6.3) の両辺に v をかけると

$$mv\,dv = fv\,dt = f\,dx \tag{6.4}$$

となり，この式を積分することにより

$$\int_{v_1}^{v_2} mv\,dv = \int_{x_1}^{x_2} f\,dx,$$

よって関係式

$$\frac{1}{2}mv_2^2 - \frac{1}{2}mv_1^2 = \int_{x_1}^{x_2} f(x)\,dx \tag{6.5}$$

が得られる．v_1, v_2 はそれぞれ物体の位置が x_1, x_2 のときの速度を表す．この式の左辺の $\frac{1}{2}mv^2$ によって，運動する物体がもつエネルギーを定義し，**運動エネルギー** (kinetic energy) とよぶ．また，右辺の積分を，物体が x_1 から x_2 まで移動する間に力 f がした**仕事** (work) という．式 (6.5) は，物体が x_1 から x_2 まで移動する間の運動エネルギーの変化が，その間に力からされた仕事に等しいことを表している．

運動エネルギーと仕事の関係
物体の運動エネルギーの変化は，その変化の過程で物体がされた仕事に等しい．

この関係は，次項で示すように，直線運動だけでなく一般の運動にまで拡張することができる．

6.2.2 仕事と仕事率

前項で述べた直線運動に対する仕事の定義を，一般の運動の場合に拡張しよう．いま，速度 $\boldsymbol{v}$ で運動している質量 m の物体に一定の力 $\boldsymbol{f}$ が時間 Δt の間はたらいたとする．運動方程式より加速度は $\boldsymbol{a} = \dfrac{\boldsymbol{f}}{m}$ であるから，この間

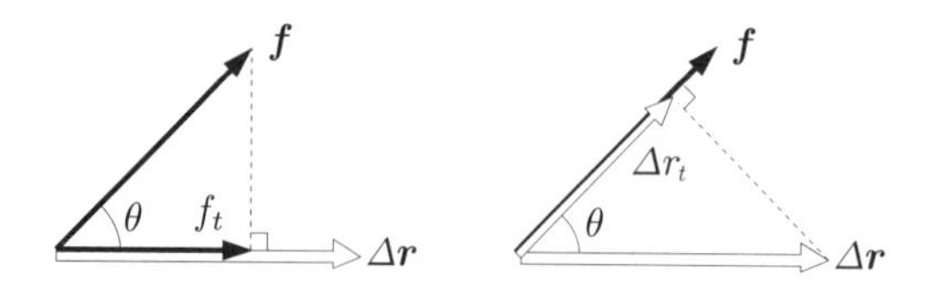

図 6.1 仕事の計算

の物体の速度変化は

$$\Delta\boldsymbol{v} = \boldsymbol{a}\,\Delta t = \frac{\boldsymbol{f}}{m}\Delta t,$$

物体の変位は

$$\Delta\boldsymbol{r} = \boldsymbol{v}\,\Delta t + \frac{1}{2}\boldsymbol{a}\,\Delta t^2 = \Bigl(\boldsymbol{v} + \frac{1}{2}\Delta\boldsymbol{v}\Bigr)\Delta t,$$

よって運動エネルギーの変化は

$$\frac{1}{2}m|\boldsymbol{v}+\Delta\boldsymbol{v}|^2 - \frac{1}{2}m|\boldsymbol{v}|^2 = m\,\Delta\boldsymbol{v}\cdot\Bigl(\boldsymbol{v} + \frac{1}{2}\Delta\boldsymbol{v}\Bigr)$$
$$= \boldsymbol{f}\,\Delta t\cdot\Bigl(\boldsymbol{v} + \frac{1}{2}\Delta\boldsymbol{v}\Bigr) = \boldsymbol{f}\cdot\Delta\boldsymbol{r}$$

と書ける．そこで，この間に力が物体にした仕事 ΔW を，力のベクトルと変位ベクトルの内積により

$$\Delta W = \boldsymbol{f}\cdot\Delta\boldsymbol{r} \tag{6.6}$$

と定義する．図 6.1 のように，力のベクトルと変位ベクトルのなす角を θ とすると，力の変位の方向への成分 $f_t = |\boldsymbol{f}|\cos\theta$，あるいは変位の力の方向への成分 $\Delta r_t = |\Delta\boldsymbol{r}|\cos\theta$ を用いて

$$\Delta W = |\boldsymbol{f}||\Delta\boldsymbol{r}|\cos\theta = f_t\,|\Delta\boldsymbol{r}| = |\boldsymbol{f}|\,\Delta r_t$$

と表すこともできる．また，力が単位時間あたりにする仕事を**仕事率** (power) といい，仕事率 P は

$$P = \frac{\Delta W}{\Delta t} = \frac{\boldsymbol{f}\cdot\Delta\boldsymbol{r}}{\Delta t} = \boldsymbol{f}\cdot\boldsymbol{v} \tag{6.7}$$

のように，力のベクトルと速度ベクトルとの内積で表される．仕事，ならびにエネルギーの単位は J (ジュール, $1\,\mathrm{J} = 1\,\mathrm{N}\cdot\mathrm{m}$)，仕事率の単位は W (ワット, $1\,\mathrm{W} = 1\,\mathrm{J/s}$) である．

一般に，物体がある経路 Γ に沿って点 A から点 B まで移動し，その間に物体にはたらく力も変化している場合について考えよう．ここで，経路 Γ を

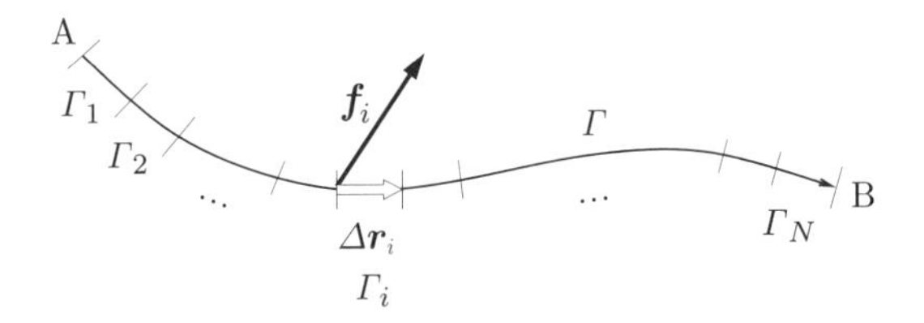

図 6.2 ベクトル場 $\boldsymbol{f}$ の経路 Γ に沿った線積分

図 6.2 のように微小区間 $(\Gamma_1, \Gamma_2, \cdots, \Gamma_N)$ に分割し，区間 Γ_i での経路に沿った変位ベクトルを $\Delta\boldsymbol{r}_i$ とする．十分小さな区間内において力 $\boldsymbol{f}_i$ は一定とみなせるので，各区間での仕事 ΔW_i は，式 (6.6) より

$$\Delta W_i = \boldsymbol{f}_i \cdot \Delta\boldsymbol{r}_i \quad (i = 1, 2, \cdots, N) \tag{6.8}$$

で与えられる．これらをすべての微小区間について足し合わせることにより，この運動過程で物体がされた仕事 W_{AB} が

$$W_{\mathrm{AB}} = \sum_{i=1}^{N} \Delta W_i = \sum_{i=1}^{N} \boldsymbol{f}_i \cdot \Delta\boldsymbol{r}_i = \int_{\Gamma} \boldsymbol{f} \cdot d\boldsymbol{r} \tag{6.9}$$

と表される．右辺を，力 $\boldsymbol{f}$ の経路 Γ に沿った**線積分**という．また，仕事 W は仕事率 P の時間積分により

$$W_{\mathrm{AB}} = \int_{t_{\mathrm{A}}}^{t_{\mathrm{B}}} P\,dt = \int_{t_{\mathrm{A}}}^{t_{\mathrm{B}}} \boldsymbol{f} \cdot \boldsymbol{v}\,dt \tag{6.10}$$

とも表される．ここで運動方程式を用いて右辺を書き直すと，

$$\begin{aligned}\int_{t_{\mathrm{A}}}^{t_{\mathrm{B}}} \boldsymbol{f} \cdot \boldsymbol{v}\,dt &= \int_{t_{\mathrm{A}}}^{t_{\mathrm{B}}} m\dot{\boldsymbol{v}} \cdot \boldsymbol{v}\,dt = \int_{t_{\mathrm{A}}}^{t_{\mathrm{B}}} \frac{d}{dt}\left(\frac{1}{2}m|\boldsymbol{v}|^2\right)dt \\ &= \frac{1}{2}mv_{\mathrm{B}}^2 - \frac{1}{2}mv_{\mathrm{A}}^2\end{aligned}$$

となり，点 A から点 B までの運動エネルギーの変化に等しい．こうして，運動エネルギーと仕事の関係が任意の運動過程に一般化された．

力が位置によらず一定 $(\boldsymbol{f} = \boldsymbol{f}_0)$ であれば，点 $\boldsymbol{r}_{\mathrm{A}}$ と点 $\boldsymbol{r}_{\mathrm{B}}$ を結ぶ任意の経路 Γ について仕事は

$$\int_{\Gamma} \boldsymbol{f} \cdot d\boldsymbol{r} = \boldsymbol{f}_0 \cdot \sum_{i=1}^{N} \Delta\boldsymbol{r}_i = \boldsymbol{f}_0 \cdot (\boldsymbol{r}_{\mathrm{B}} - \boldsymbol{r}_{\mathrm{A}}) \tag{6.11}$$

のように始点から終点への変位だけで決まり，途中の経路によらない．例えば，

曲面を点 A から点 B まですべり下りる物体に重力がする仕事 W_{AB} は，鉛直上向きに z 軸をとると重力加速度 $\boldsymbol{g} = (0, 0, -g)$ より

$$W_{\mathrm{AB}} = \int_{\mathrm{A}}^{\mathrm{B}} m\boldsymbol{g} \cdot d\boldsymbol{r} = m\boldsymbol{g} \cdot (\boldsymbol{r}_{\mathrm{B}} - \boldsymbol{r}_{\mathrm{A}})$$
$$= mg(z_{\mathrm{A}} - z_{\mathrm{B}})$$

であり，経路によらず始点と終点の高さの差だけで決まる．

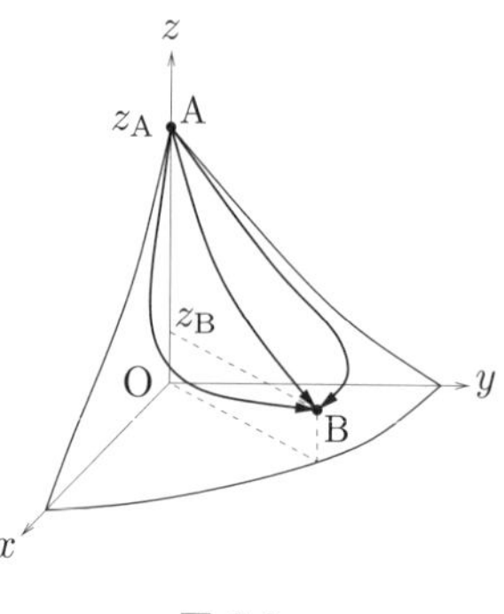

図 6.3

6.2.3 直線運動への応用

6.2.1 項でみたように，直線運動の場合には，仕事を簡単な 1 次元積分により評価できる．運動方向に x 軸を選び，物体にはたらく力を x の関数 $f(x)$ とすると，物体が x_1 から x_2 まで移動する間に力のする仕事 W_{12} は

$$W_{12} = \int_{x_1}^{x_2} f(x)\, dx \tag{6.12}$$

である．この間に物体 (質量 m) の速度が v_1 から v_2 になるとすると，仕事と運動エネルギーの関係より

$$\frac{1}{2}mv_2^2 - \frac{1}{2}mv_1^2 = \int_{x_1}^{x_2} f(x)\, dx \tag{6.13}$$

が成り立つ．この関係を利用することにより，運動方程式の解を求めることなく物体の運動の変化についての情報を得ることができる．6.1 節では運動量と力積の関係について述べたが，以下の例で示すように，運動状態と位置の関係を知りたい場合には，仕事と運動エネルギーの関係が有用である．

■ 一様重力

質量 m の物体が鉛直下方に距離 L だけ落下する間に重力 mg がする仕事 W は，

$$W = mgL$$

と表される．この間に物体の速度が v_0 から v に変化したとすると，仕事と運動エネルギーの関係より

$$\frac{1}{2}mv^2 - \frac{1}{2}mv_0^2 = mgL, \quad \therefore\ v^2 = v_0^2 + 2gL$$

が成り立つ.

■ 動摩擦力

粗い床面上をすべる物体には運動と逆向きに動摩擦力がはたらくが，このような変位と逆向きにはたらく力は物体に負の仕事をする．質量 m の物体が水平な床面上を距離 L だけすべる間に動摩擦力 $-\mu mg$ がする仕事 W は

$$W = -\mu mgL$$

である．この間に物体の速度が v_0 から v に変化したとすると，仕事と運動エネルギーの関係より

$$\frac{1}{2}mv^2 - \frac{1}{2}mv_0^2 = -\mu mgL, \quad \therefore\ v^2 = v_0^2 - 2\mu gL$$

が成り立つ.

例題 6.3

質量 m の物体が，水平から測った角度 θ の斜面に沿って上向きに初速 v_0 ですべり上がる．物体と床の間の動摩擦係数を μ とするとき，物体が静止するまでの斜面に沿った移動距離を求めよ.

【解答】 重力と摩擦力がする仕事が運動エネルギーの変化に等しい．これらの力の斜面に沿った成分は $-mg\sin\theta - \mu mg\cos\theta$ であるから，求める距離を L とすると

$$(-mg\sin\theta - \mu mg\cos\theta)L = -\frac{1}{2}mv_0^2,$$

$$\therefore\ L = \frac{v_0^2}{2g(\sin\theta + \mu\cos\theta)}. \qquad \square$$

■ ばねの復元力

ばね定数 k のばねに取り付けられた質量 m の物体の運動において，ばねの復元力が物体にする仕事について考える．ばねの自然長からの伸びを x とすると，復元力 $-kx$ は物体の運動とともに変化するので，ばねの伸びが x_1 から x_2 まで変化する間にする仕事 W は，力の x についての積分により

$$W = \int_{x_1}^{x_2} (-kx)\,dx = \frac{1}{2}k(x_1^2 - x_2^2)$$

と求められる．ばねを L だけ伸ばした状態で物体を静かに放したとき，ばねの伸びが x になったときの物体の速度を v とすると，仕事と運動エネルギーの関係により

$$\frac{1}{2}mv^2 = \frac{1}{2}k(L^2 - x^2), \quad \therefore\ |v| = \sqrt{\frac{k(L^2 - x^2)}{m}}$$

となる．

例題 6.4

ばね定数 k のばねで鉛直に吊り下げられた質量 m のおもりを，ばねの自然長の位置で静かに放す．その後の物体の運動におけるばねの伸びの最大値を求めよ．ただし，重力加速度の大きさを g とする．

【解答】 ばねの伸びが最大のとき物体の速度は 0，したがって運動エネルギーは 0 である．よって，ばねの伸びの最大値を L とすると，ばねの伸びが 0 から L に変化する間に重力とばねの復元力がする仕事の和が 0 となることから，

$$\int_0^L (mg - kx)\,dx = mgL - \frac{1}{2}kL^2 = 0,$$

$$\therefore\ L = \frac{2mg}{k}.$$

□

6.2.4 力の場と線積分

直線運動では始点と終点を結ぶ経路は一通りしかないが，一般の空間中の運動では始点と終点を結ぶ経路は無数にあり，どの経路をとおるかによって力がする仕事は一般に異なる．このことを具体的に確かめるため，まず，仕事を評価するのに必要な線積分の計算方法について述べる．

質点にはたらく力が位置の関数 $\boldsymbol{f}(\boldsymbol{r}) = (f_x(\boldsymbol{r}), f_y(\boldsymbol{r}), f_z(\boldsymbol{r}))$ で与えられるとする．このような位置の関数で表されるベクトル (またはそのようなベクトルが分布した空間) を**ベクトル場** (vector field) という．ベクトル場 $\boldsymbol{f}(\boldsymbol{r})$ の点 $\boldsymbol{r}_\mathrm{A}$ と点 $\boldsymbol{r}_\mathrm{B}$ を結ぶ経路 Γ に沿った線積分を計算するため，経路 Γ をパラメータ表示で表そう．座標を，あるパラメータ t (時間をパラメータに

用いることが多いので記号 t を用いるが，時間である必要はない) の関数 $\boldsymbol{r}(t) = (x(t), y(t), z(t))$ $(t_\mathrm{A} \leq t \leq t_\mathrm{B})$ として与えれば，それは $\boldsymbol{r}_\mathrm{A} = \boldsymbol{r}(t_\mathrm{A})$ と $\boldsymbol{r}_\mathrm{B} = \boldsymbol{r}(t_\mathrm{B})$ を結ぶ一つの曲線を定義する．この曲線に沿った力の線積分は，

$$W = \int_{\boldsymbol{r}_\mathrm{A}}^{\boldsymbol{r}_\mathrm{B}} \boldsymbol{f} \cdot d\boldsymbol{r} = \int_{t_\mathrm{A}}^{t_\mathrm{B}} \boldsymbol{f}(\boldsymbol{r}(t)) \cdot \frac{d\boldsymbol{r}}{dt}\, dt \tag{6.14}$$

により，1 変数 t での積分として計算できる．パラメータ t として座標 x を用いることができる場合には，

$$W = \int_{x_\mathrm{A}}^{x_\mathrm{B}} \left(f_x + f_y \frac{dy}{dx} + f_z \frac{dz}{dx} \right) dx \tag{6.15}$$

のように，x での積分で表すことができる．

例題 6.5

(x, y) 平面上の力の場 $\boldsymbol{f}(\boldsymbol{r}) = (\alpha y, \beta x)$ $(\alpha, \beta$ は定数) を，以下の 3 通りの経路に沿って原点 O から点 $\mathrm{P}(a, b)$ まで線積分せよ．

(1) $(0, 0) \to (a, 0) \to (a, b)$

(2) $(0, 0) \to (0, b) \to (a, b)$

(3) $(0, 0) \to (a, b)$

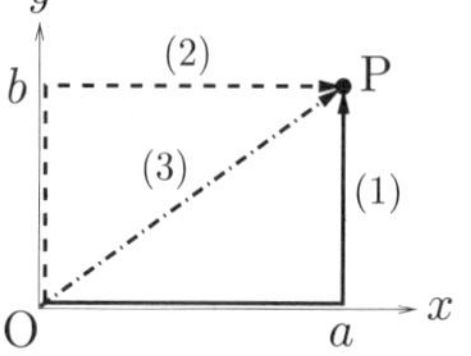

【解答】 (1) まず，x 軸に沿って $(0, 0)$ から $(a, 0)$ まで線積分する．仕事には力の x 成分が関与するが，$f_x = \alpha y$ は x 軸上 $(y = 0)$ では 0 であるから，この間の仕事は 0 である．次に，y 軸に平行な経路に沿って $(a, 0)$ から (a, b) まで線積分する．ここでは力の y 成分が関与し，$f_y = \beta x$ は直線 $x = a$ 上では βa である．したがって，求める仕事 W_1 は

$$W_1 = \int_0^a \underbrace{f_x(x, 0)}_{=0} dx + \int_0^b \underbrace{f_y(a, y)}_{=\beta a} dy = \beta ab.$$

(2) 上と同様にして，

$$W_2 = \int_0^b \underbrace{f_y(0, y)}_{=0} dy + \int_0^a \underbrace{f_x(x, b)}_{=\alpha b} dx = \alpha ab.$$

(3) 経路は，原点をとおり傾き $\dfrac{b}{a}$ の直線

$$y = \frac{b}{a}x \quad (0 \leq x \leq a)$$

であるから,

$$W_3 = \int_0^a \left(f_x + f_y \frac{dy}{dx} \right) dx = \int_0^a \left(\alpha \frac{b}{a} x + \beta x \cdot \frac{b}{a} \right) dx$$

$$= \frac{b}{a}(\alpha + \beta) \int_0^a x\, dx = \frac{1}{2}(\alpha + \beta)ab.$$

またはパラメータ表示

$$x(t) = at, \quad y(t) = bt, \quad 0 \leq t \leq 1$$

を用いて, 以下のようにも計算できる.

$$W_3 = \int_0^1 \left(f_x \frac{dx}{dt} + f_y \frac{dy}{dt} \right) dt = \int_0^1 (\alpha bt \cdot a + \beta at \cdot b)\, dt$$

$$= \int_0^1 (\alpha + \beta)abt\, dt = \frac{1}{2}(\alpha + \beta)ab. \qquad \square$$

* * * * *

このように線積分は, 始点と終点が同じでも, その間を結ぶ経路によって一般に異なる値をもつ.

6.3 保存力とポテンシャル

6.3.1 保存力とポテンシャル, 力学的エネルギー保存則

例題 6.5 でみたように, 力の場の線積分の値は 2 点を結ぶ経路によって一般に異なる. ところがこの例で $\alpha = \beta$ の場合, 3 つの経路に沿った線積分の値はすべて等しい. この場合, 同じ 2 点 O, P を結ぶ他のどんな経路についても線積分は等しい値をもつ.

任意の 2 点 A, B を結ぶ経路に沿った力の場 $\boldsymbol{f}(\boldsymbol{r})$ の線積分

$$W_{\mathrm{AB}} = \int_{\boldsymbol{r}_{\mathrm{A}}}^{\boldsymbol{r}_{\mathrm{B}}} \boldsymbol{f} \cdot d\boldsymbol{r}$$

が経路によらず一定の値をもつとき, このような力を**保存力** (conservative force) という. このとき, 経路をある基準点 $\boldsymbol{r}_0$ をとおるように変形して

$$W_{\mathrm{AB}} = \int_{\boldsymbol{r}_{\mathrm{A}}}^{\boldsymbol{r}_0} \boldsymbol{f} \cdot d\boldsymbol{r} + \int_{\boldsymbol{r}_0}^{\boldsymbol{r}_{\mathrm{B}}} \boldsymbol{f} \cdot d\boldsymbol{r} = \int_{\boldsymbol{r}_{\mathrm{A}}}^{\boldsymbol{r}_0} \boldsymbol{f} \cdot d\boldsymbol{r} - \int_{\boldsymbol{r}_{\mathrm{B}}}^{\boldsymbol{r}_0} \boldsymbol{f} \cdot d\boldsymbol{r}$$

と表そう．この右辺に現れる線積分

$$\int_{\boldsymbol{r}}^{\boldsymbol{r}_0} \boldsymbol{f} \cdot d\boldsymbol{r}$$

は経路によらないので $\boldsymbol{r}$ の関数とみなすことができる．この関数

$$U(\boldsymbol{r}) = \int_{\boldsymbol{r}}^{\boldsymbol{r}_0} \boldsymbol{f} \cdot d\boldsymbol{r} \tag{6.16}$$

を，$\boldsymbol{r}_0$ を基準とする力 $\boldsymbol{f}$ の**ポテンシャル**[1] (potential) という．ポテンシャルとは「潜在的能力」を意味する語で，物体を基準点 $\boldsymbol{r}_0$ まで動かす過程で，力が $U(\boldsymbol{r})$ の仕事をする能力を備えていることを表している．

物体がされた仕事 $W_{\rm AB}$ はその間の運動エネルギーの変化に等しいので，

$$\frac{1}{2}mv_{\rm B}^2 - \frac{1}{2}mv_{\rm A}^2 = W_{\rm AB} = U(\boldsymbol{r}_{\rm A}) - U(\boldsymbol{r}_{\rm B}),$$

$$\therefore \ \frac{1}{2}mv_{\rm A}^2 + U(\boldsymbol{r}_{\rm A}) = \frac{1}{2}mv_{\rm B}^2 + U(\boldsymbol{r}_{\rm B}) \tag{6.17}$$

が成り立つ．運動エネルギーとポテンシャルの和を**力学的エネルギー** (mechanical energy) というが，上の式 (6.17) は点 A と点 B，すなわち運動の前後における力学的エネルギーの値が等しいことを表している．このように，保存力の下での運動では力学的エネルギーが一定に保たれる．これを**力学的エネルギー保存則**という．「保存力」の名称は，力学的エネルギー保存則が成り立つような力であることに由来する．

6.3.2　1 次元の力の場

1 次元空間では始点と終点を結ぶ経路が一通りしかないので，1 次元の力の場 $f(x)$ はすべて保存力であり，そのポテンシャル $U(x)$ は，基準点を x_0 として

$$U(x) = -\int_{x_0}^{x} f(x')\,dx' = \int_{x}^{x_0} f(x')\,dx' \tag{6.18}$$

で与えられる．このとき，

$$f(x) = -\frac{dU(x)}{dx} \tag{6.19}$$

が成り立つ．以下に，いくつかの具体例を示す．

---

1)　正式名称は「ポテンシャルエネルギー」であり，「ポテンシャル」はより広い概念を表す用語であるが，文脈からエネルギーであることが明確な場合は「エネルギー」を省略して単にポテンシャルとよぶ．「位置エネルギー」ともいう．

■ 一様重力

質量 m の質点の鉛直方向の運動を考える．重力加速度の大きさを g とし，鉛直上向きに x 軸をとると，一様重力 $f(x) = -mg$ のポテンシャル $U(x)$ は x_0 を基準として

$$U(x) = \int_x^{x_0} (-mg)\, dx' = mg(x - x_0) \tag{6.20}$$

で与えられる．

■ 1次元調和振動子

ばね定数 k のばねに取り付けられた物体の運動を考える．ばねの伸びを x とすると，復元力 $f(x) = -kx$ のポテンシャル $U(x)$ は，自然長の位置 $x = 0$ を基準として

$$U(x) = \int_x^0 (-kx')\, dx' = \frac{1}{2}kx^2 \tag{6.21}$$

で与えられる．このポテンシャルを，ばねの**弾性エネルギー**ともいう．

■ 非調和ばね

ばねの伸び x に対する復元力に x^3 に比例する項が加わり，力の場 $f(x)$ が

$$f(x) = -kx - lx^3 \quad (k, l \text{ は正の定数}) \tag{6.22}$$

と表されるとする．この力のポテンシャルは，自然長の位置 $x = 0$ を基準として

$$U(x) = \int_x^0 (-kx' - lx'^3)\, dx' = \frac{1}{2}kx^2 + \frac{1}{4}lx^4 \tag{6.23}$$

で与えられる．

6.3.3 ポテンシャルの平衡点と安定性

式 (6.19) のように，力はポテンシャルの微分で与えられるので，ポテンシャルの微分が 0 である位置では力がはたらかず，物体は静止できる．このような点のことをポテンシャルの**平衡点** (equilibrium point) という．前項で示したばねのポテンシャル (6.21), (6.23) の平衡点は自然長の位置 $x = 0$ である．また，一様重力のポテンシャル (6.20) には平衡点は存在しない．

もう一つの例として，長さ l の軽い棒の先端に質量 m のおもりを付けた単振り子 (☞ 4.5 節) の接線方向の運動方程式

$$m\dot{v} = -mg\sin\theta$$

を考える．この両辺に $v = l\dot{\theta}$ をかけると，左辺は

$$m\dot{v}v = \frac{d}{dt}\left(\frac{1}{2}mv^2\right),$$

右辺は

$$-mgl\dot{\theta}\sin\theta = \frac{d}{dt}(mgl\cos\theta)$$

となり，右辺を左辺に移項して

$$\frac{d}{dt}\left(\frac{1}{2}mv^2 - mgl\cos\theta\right) = 0,$$

$$\therefore\ \frac{1}{2}mv^2 - mgl\cos\theta = E \quad (一定)$$

のように，力学的エネルギー保存則が導かれる．この式の左辺第 2 項 $U(\theta) = -mgl\cos\theta$ が重力のポテンシャルを表しているが，このポテンシャルは，図 6.4 からわかるように $\theta = 0$ および $\theta = \pi$ に平衡点をもつ．これらの平衡点のうち $\theta = 0$ は振り子の最下点に対応し，おもりをこの位置から少しずらすと平衡点に引き戻そうとする力がはたらく．そのような平衡点を**安定平衡点**という．一方，$\theta = \pi$ は振り子の最高点に対応し，この位置から少しずらすと，おもりには平衡点から引き離そうとする力がはたらく．このような平衡点を**不安定平衡点**という．一般に，位置 x のなめらかな関数[2)]で表されるポテンシャル $U(x)$ が安定平衡点をもつとき，その安定平衡点 x_e においてポテンシャルは

$$U'(x_e) = 0, \quad U''(x_e) > 0$$

を満たし，$U(x)$ は $x = x_e$ でのテイラー展開により

$$\begin{aligned} U(x) &= U(x_e) + U'(x_e)(x - x_e) + \frac{1}{2}U''(x_e)(x - x_e)^2 + \cdots \\ &\simeq U(x_e) + \frac{1}{2}k(x - x_e)^2, \quad ただし \quad k = U''(x_e) > 0 \end{aligned}$$

のように，調和振動子ポテンシャルで近似することができる．このとき力は，

$$f = -\frac{dU}{dx} \simeq -k(x - x_e)$$

2) ここでは形がなめらかで 2 階微分可能な関数を考える．

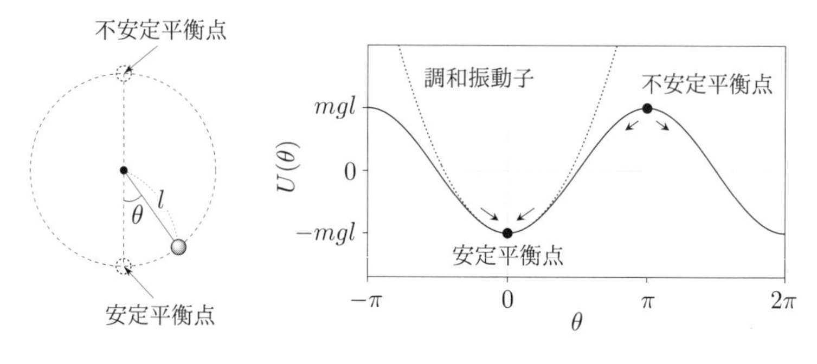

図 6.4 単振り子とそのポテンシャル

のように平衡点 x_e からの変位に比例する復元力となるので，安定平衡点近傍の運動は近似的に $x = x_\mathrm{e}$ を中心とする単振動となる．

6.3.4 力とポテンシャルの勾配

前項で示したように，1 次元の力の場は式 (6.19) によりポテンシャルの微分を用いて表されるが，2 次元以上の場合でも，保存力はポテンシャルの微分を用いて表されることを示そう．

x 軸方向の微小変位 Δx にともなうポテンシャル U の変化は，ポテンシャルの定義 (6.16) により

$$\begin{aligned} U(x+\Delta x, y, z) - U(x, y, z) &= -\int_x^{x+\Delta x} f_x(x', y, z)\, dx' \\ &= -f_x(x, y, z)\Delta x \end{aligned}$$

と表される．これより力の x 成分 f_x が U を用いて

$$f_x = -\frac{U(x+\Delta x, y, z) - U(x, y, z)}{\Delta x} = -\frac{\partial U}{\partial x} \tag{6.24}$$

と与えられることがわかる．ここで $\dfrac{\partial U}{\partial x}$ は，3 つの独立変数 x, y, z のうち x だけを変化させたときの U の x に対する変化率を表し，U の x に関する**偏微分** (partial derivative) という．同様に y 成分 f_y および z 成分 f_z は，それぞれポテンシャルの y, z による偏微分を用いて

$$f_y = -\frac{\partial U}{\partial y}, \quad f_z = -\frac{\partial U}{\partial z} \tag{6.25}$$

と表される．このとき力 $\boldsymbol{f}$ は，スカラー場 U の x, y, z に関する偏微分をそ

れぞれ x, y, z 成分とするベクトル場に比例するが，このようなベクトル場

$$\mathrm{grad}\,U \equiv \left(\frac{\partial U}{\partial x}, \frac{\partial U}{\partial y}, \frac{\partial U}{\partial z}\right) \tag{6.26}$$

を U の**勾配** (gradient) という．勾配は，ベクトル型の微分演算子

$$\boldsymbol{\nabla} \equiv (\partial_x, \partial_y, \partial_z) \tag{6.27}$$

を用いて $\mathrm{grad}\,U = \boldsymbol{\nabla} U$ と表される．ここで ∂_x は x による偏微分を表す微分演算子の略号で，$\partial_x f \equiv \dfrac{\partial f}{\partial x}$ である (∂_y, ∂_z も同様)．ベクトル演算子 $\boldsymbol{\nabla}$ は**ナブラ** (nabla) と読む[3]．こうして，保存力 $\boldsymbol{f}$ がポテンシャル U の勾配により

$$\begin{aligned}\boldsymbol{f} &= -\left(\frac{\partial U}{\partial x}, \frac{\partial U}{\partial y}, \frac{\partial U}{\partial z}\right)\\ &= -\,\mathrm{grad}\,U = -\boldsymbol{\nabla} U \end{aligned} \tag{6.28}$$

と表されることがわかった．

以下に勾配の計算に用いられる有用な公式をいくつかあげておく．

勾配の計算に用いられる公式

$\boldsymbol{a}$ を定数ベクトル，$r = |\boldsymbol{r}| = \sqrt{x^2 + y^2 + z^2}$ として以下の公式が成り立つ：

$$\boldsymbol{\nabla}(\boldsymbol{a} \cdot \boldsymbol{r}) = \boldsymbol{a}, \tag{6.29}$$

$$\boldsymbol{\nabla} r = \left(\frac{\partial r}{\partial x}, \frac{\partial r}{\partial y}, \frac{\partial r}{\partial z}\right) = \left(\frac{x}{r}, \frac{y}{r}, \frac{z}{r}\right) = \frac{\boldsymbol{r}}{r}, \tag{6.30}$$

$$\boldsymbol{\nabla} f(r) = f'(r)\boldsymbol{\nabla} r = \frac{f'(r)}{r}\,\boldsymbol{r}, \tag{6.31}$$

$$\frac{df(\boldsymbol{r})}{dt} = \frac{\partial f}{\partial x}\frac{dx}{dt} + \frac{\partial f}{\partial y}\frac{dy}{dt} + \frac{\partial f}{\partial z}\frac{dz}{dt} = \boldsymbol{\nabla} f \cdot \dot{\boldsymbol{r}}. \tag{6.32}$$

次に，ポテンシャルの勾配ベクトルを用いて表される保存力の一般的性質について考えよう．x 軸方向への微小変位 Δx に対するポテンシャル U の変化量は

3) $\boldsymbol{\nabla}$ はギリシャ文字の Δ (デルタ) を上下反転した記号であり，その記号の形から，ギリシャ語で「竪琴」を表す “nabla” の呼称でよばれている．

$$U(x+\Delta x,y,z)-U(x,y,z)=\frac{U(x+\Delta x,y,z)-U(x,y,z)}{\Delta x}\Delta x$$
$$=\frac{\partial U}{\partial x}\Delta x$$

のように，U の x に関する偏微分と x の変化量 Δx の積で表される．一般の 3 次元空間での微小変位 $\boldsymbol{\Delta r}=(\Delta x,\Delta y,\Delta z)$ に対する U の変化量は，x, y, z それぞれの方向への変位に対する U の変化量を足し合わせることにより

$$\begin{aligned}
&U(x+\Delta x,y+\Delta y,z+\Delta z)-U(x,y,z)\\
&\quad=\frac{\partial U}{\partial x}\Delta x+\frac{\partial U}{\partial y}\Delta y+\frac{\partial U}{\partial z}\Delta z\\
&\quad=\boldsymbol{\nabla}U\cdot\boldsymbol{\Delta r}
\end{aligned}\tag{6.33}$$

のように，U の勾配と変位ベクトルの内積で表される．ある位置における内積 $\boldsymbol{\nabla}U\cdot\boldsymbol{\Delta r}$ の値を，長さが一定で向きの異なるいろいろな $\boldsymbol{\Delta r}$ について比較すると，$\boldsymbol{\Delta r}$ が $\boldsymbol{\nabla}U$ と同じ向きのときに最も大きな値をもつ．したがって $\boldsymbol{\nabla}U$ の向きは，U の空間的な変化率 (傾斜) が最大となる変位の向きに一致し，$\boldsymbol{\nabla}U$ の大きさは，その向きへの変位に対するポテンシャルの変化率 (最大傾斜) に等しい．

力 $\boldsymbol{f}$ が保存力であればポテンシャル U の勾配を用いて $\boldsymbol{f}=-\boldsymbol{\nabla}U$ と表すことができることを上で示したが，逆に，力がポテンシャルの勾配で表されるならばその力は保存力となることを以下に示そう．点 $\boldsymbol{r}_\mathrm{A}$ と $\boldsymbol{r}_\mathrm{B}$ を結ぶある経路 Γ に沿った線積分 W_AB は，Γ を図 6.2 のように微小区間に分割し，その分点を $\{\boldsymbol{r}_\mathrm{A}=\boldsymbol{r}_0,\boldsymbol{r}_1,\cdots,\boldsymbol{r}_N=\boldsymbol{r}_\mathrm{B}\}$ とすると，

$$W_\mathrm{AB}=\int_{\boldsymbol{r}_\mathrm{A}}^{\boldsymbol{r}_\mathrm{B}}\boldsymbol{f}\cdot d\boldsymbol{r}=\sum_{i=1}^{N}\boldsymbol{f}_i\cdot\boldsymbol{\Delta r}_i=-\sum_{i=1}^{N}\boldsymbol{\nabla}U(\boldsymbol{r}_{i-1})\cdot(\boldsymbol{r}_i-\boldsymbol{r}_{i-1})$$

と表される．ここで

$$\begin{aligned}
&U(\boldsymbol{r}_i)=U\big(\boldsymbol{r}_{i-1}+(\boldsymbol{r}_i-\boldsymbol{r}_{i-1})\big)\\
&\qquad\;=U(\boldsymbol{r}_{i-1})+\boldsymbol{\nabla}U(\boldsymbol{r}_{i-1})\cdot(\boldsymbol{r}_i-\boldsymbol{r}_{i-1}),\\
&\therefore\;\boldsymbol{\nabla}U(\boldsymbol{r}_{i-1})\cdot(\boldsymbol{r}_i-\boldsymbol{r}_{i-1})=U(\boldsymbol{r}_i)-U(\boldsymbol{r}_{i-1})
\end{aligned}$$

を用いると

$$W_\mathrm{AB}=-\sum_{i=1}^{N}\{U(\boldsymbol{r}_i)-U(\boldsymbol{r}_{i-1})\}=U(\boldsymbol{r}_\mathrm{A})-U(\boldsymbol{r}_\mathrm{B})$$

となるので，W は始点 A と終点 B におけるポテンシャルの値だけで決まり，その間の経路 Γ によらない．したがってこの力は保存力である．

以上により，力の場がポテンシャルの勾配で表されることは，その力が保存力であるための必要十分条件であることが示された．

例題 6.6

例題 6.5 の力 $\boldsymbol{f} = (\alpha y, \beta x)$ が $\beta = \alpha$ のとき保存力となることを示し，そのポテンシャル $U(x, y)$ を求めよ．

【解答】 $\boldsymbol{f}$ がポテンシャル $U(x, y)$ により $\boldsymbol{f} = -\nabla U$ で表されると仮定すると，

$$f_x = -\frac{\partial U}{\partial x} = \alpha y, \quad \therefore \ \frac{\partial U}{\partial x} = -\alpha y, \tag{6.34}$$

$$f_y = -\frac{\partial U}{\partial y} = \beta x, \quad \therefore \ \frac{\partial U}{\partial y} = -\beta x \tag{6.35}$$

となる[4)]．これらの方程式を同時に満足する $U(x, y)$ が存在することが，保存力であるための条件である．方程式 (6.34) を満たす解，すなわち x で偏微分して $-\alpha y$ となる x, y の関数 U は一般に

$$U(x, y) = -\alpha xy + u(y)$$

と表される．ここで $u(y)$ は y のみに依存する任意の関数である．x についての偏微分に対して y は定数とみなされるので，積分定数の代わりに y の任意関数が現れたことに注意しよう．この $U(x, y)$ を式 (6.35) に代入すると

$$\frac{\partial U}{\partial y} = -\alpha x + u'(y) = -\beta x$$

となり，この式が任意の x, y に対して成り立つには

$$\alpha = \beta, \quad u'(y) = 0$$

でなくてはならない．よって，$\boldsymbol{f}$ が保存力であるための条件は $\alpha = \beta$ で，そのときのポテンシャルは

$$U(x, y) = -\alpha xy + U_0$$

---

4) このような，多変数関数 $U(x, y)$ の偏微分を含む方程式を**偏微分方程式** (partial differential equation) という．

であることがわかる．ここで定数 U_0 は，ポテンシャルの基準点によって定まる積分定数である． □

6.3.5　力の保存性と渦無し条件

力 $\boldsymbol{f}$ が保存力であれば，任意の 2 点の間の線積分は経路によらず一定であるが，このことは任意の閉じた経路 (ある点から出て同じ点に戻ってくるような経路) に沿った線積分 (周積分[5]) が 0 であることを意味する．図 6.5 のように，閉じた経路 C を経路上の異なる 2 点 A, B で分割し，C に沿って順方向に A から B へ至る経路を Γ_1，B から A に至る経路を Γ_2，経路 Γ_2 を逆に A から B にたどる経路を $\bar{\Gamma}_2$ とすると

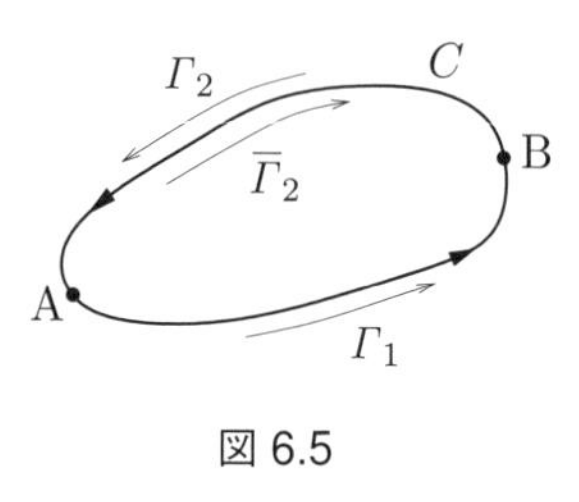

図 6.5

$$\oint_C \boldsymbol{f}\cdot d\boldsymbol{r} = \int_{\Gamma_1(\mathrm{A}\to\mathrm{B})} \boldsymbol{f}\cdot d\boldsymbol{r} + \int_{\Gamma_2(\mathrm{B}\to\mathrm{A})} \boldsymbol{f}\cdot d\boldsymbol{r}$$
$$= \int_{\Gamma_1(\mathrm{A}\to\mathrm{B})} \boldsymbol{f}\cdot d\boldsymbol{r} - \int_{\bar{\Gamma}_2(\mathrm{A}\to\mathrm{B})} \boldsymbol{f}\cdot d\boldsymbol{r} = 0$$

が成り立つ．最後の等式で，$\boldsymbol{f}$ が保存力であること，すなわち点 A から点 B までの線積分の値が経路によらないことを用いた．

一般に，任意の閉じた曲線に沿った周積分が 0 であるようなベクトル場 $\boldsymbol{f}(\boldsymbol{r})$ を**渦無し** (irrotational) の場という．力が保存力であることは，それが渦無し場であることと同値である．

いま，図 6.6 (a) のように閉じた曲線 C で囲まれる領域を (b) のように 2 つに分割し，分割された領域の周に沿った経路を C_1, C_2 として，これらに沿った周積分の和を考えると，共通部分に沿った線積分は互いに打ち消し合うため，この周積分の和は経路 C に沿った線積分に等しい．さらに (c) のように領域の分割を繰り返すことにより，閉曲線 C に沿った周積分は各微小領域の周 C_k に沿った周積分の和で

$$\oint_C \boldsymbol{f}\cdot d\boldsymbol{r} = \sum_k \oint_{C_k} \boldsymbol{f}\cdot d\boldsymbol{r}$$

5) 閉じた経路 C に沿ったベクトル場 $\boldsymbol{f}$ の線積分を周積分といい，記号 $\oint_C \boldsymbol{f}\cdot d\boldsymbol{r}$ で表す．

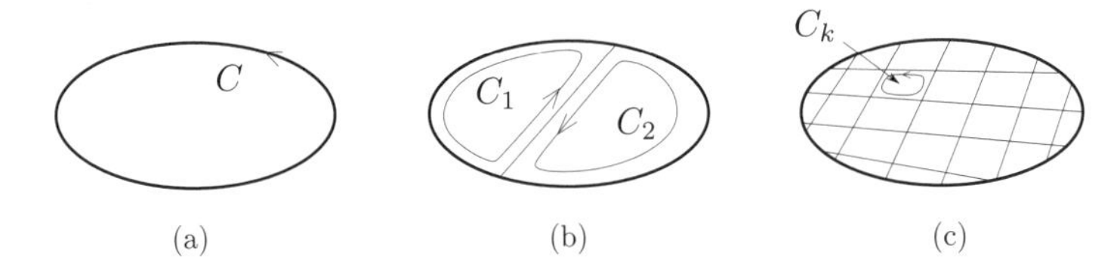

図 6.6 閉じた経路 C の分割

と表される．このことは，ベクトルの保存性が，空間の各点でベクトル場の満たす局所的な性質に関係づけられることを意味する．

この局所的な性質がどのような式で表されるかを調べるため，まず図 6.7 のように，x 軸に垂直な平面上に 2 辺の長さが $\Delta y, \Delta z$ の微小長方形経路を考える．この経路に沿ったベクトル場 $\boldsymbol{f}$ の周積分は

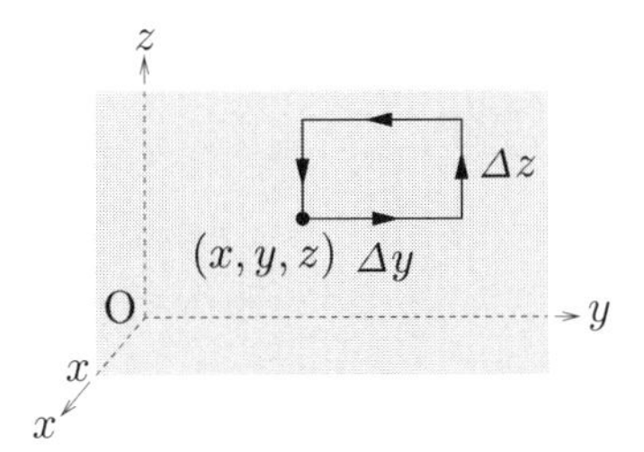

図 6.7

$$\begin{aligned}\oint \boldsymbol{f}\cdot d\boldsymbol{r} &= \int_y^{y+\Delta y} f_y(x,y',z)\,dy' + \int_z^{z+\Delta z} f_z(x,y+\Delta y,z')\,dz' \\ &\quad + \int_{y+\Delta z}^{y} f_y(x,y',z+\Delta z)\,dy' + \int_{z+\Delta z}^{z} f_z(x,y,z')\,dz' \\ &= \Delta y \int_z^{z+\Delta z} \frac{f_z(x,y+\Delta y,z') - f_z(x,y,z')}{\Delta y}\,dz' \\ &\quad + \Delta z \int_y^{y+\Delta y} \frac{f_y(x,y',z) - f_y(x,y',z+\Delta z)}{\Delta z}\,dy' \\ &= \left(\frac{\partial f_z}{\partial y} - \frac{\partial f_y}{\partial z}\right)\Delta y \Delta z\end{aligned}$$

であるから，$\boldsymbol{f}$ が渦無しのとき，任意の点で

$$\frac{\partial f_z}{\partial y} - \frac{\partial f_y}{\partial z} = 0 \tag{6.36a}$$

が成り立つ．同様に y 軸，z 軸に垂直な平面上の微小経路を考えることにより，

$$\frac{\partial f_x}{\partial z} - \frac{\partial f_z}{\partial x} = 0, \tag{6.36b}$$

$$\frac{\partial f_y}{\partial x} - \frac{\partial f_x}{\partial y} = 0 \tag{6.36c}$$

が成り立つことが導かれる．式 (6.36a)–(6.36c) の左辺に現れる 3 つの量をそれぞれ x, y, z 成分として定義されるベクトル場

$$\mathrm{rot}\, \boldsymbol{f} \equiv \left(\frac{\partial f_z}{\partial y} - \frac{\partial f_y}{\partial z},\ \frac{\partial f_x}{\partial z} - \frac{\partial f_z}{\partial x},\ \frac{\partial f_y}{\partial x} - \frac{\partial f_x}{\partial y} \right) \tag{6.37}$$

を，ベクトル場 $\boldsymbol{f}$ の**回転** (rotation) という[6)]．渦無しベクトル場は任意の点で

$$\mathrm{rot}\, \boldsymbol{f} = 0 \tag{6.38}$$

を満たす．この式は力 $\boldsymbol{f}$ が保存力であるための条件のもう一つの表し方である．

力がポテンシャル $U(\boldsymbol{r})$ の勾配により $\boldsymbol{f} = -\boldsymbol{\nabla} U$ と表されるならば，渦無し条件 (6.38) を満たすことが以下のようにして容易に導かれる．偏微分の順序が交換できることを用いると

$$\frac{\partial f_z}{\partial y} = -\frac{\partial}{\partial y}\frac{\partial U}{\partial z} = -\frac{\partial}{\partial z}\frac{\partial U}{\partial y} = \frac{\partial f_y}{\partial z}$$

となり，式 (6.36a) が成り立つ．式 (6.36b), (6.36c) も同様にして確かめることができる．

保存力の条件

$\boldsymbol{f}(\boldsymbol{r})$ が保存力：

任意の 2 点間の $\boldsymbol{f}$ の線積分の値が経路によらず等しい．

$\Leftrightarrow$ $\boldsymbol{f}$ がポテンシャル $U(\boldsymbol{r})$ を用いて $\boldsymbol{f} = -\boldsymbol{\nabla} U$ と表される．

$\Leftrightarrow$ 任意の点で $\boldsymbol{f}$ の回転が 0 ($\mathrm{rot}\, \boldsymbol{f} = 0$) である．

(x, y) 平面上の 2 次元の力の場 $(f_x(x,y), f_y(x,y))$ では，これに垂直な z 軸を加えた 3 次元空間ベクトル

$$\boldsymbol{f}(x, y, z) = (f_x(x,y), f_y(x,y), f_z) \quad (\text{ただし } f_z = 0) \tag{6.39}$$

を考えると，その回転の x, y 成分は

$$\frac{\partial f_z}{\partial y} - \frac{\partial f_y}{\partial z} = 0 - \frac{\partial f_y(x,y)}{\partial z} = 0,$$

6) ベクトル場の回転は外積の記号を用いて $\mathrm{rot}\, \boldsymbol{f} = \boldsymbol{\nabla} \times \boldsymbol{f}$ とも表される (☞ 7.2 節).

$$\frac{\partial f_x}{\partial z} - \frac{\partial f_z}{\partial x} = \frac{\partial f_x(x,y)}{\partial z} - 0 = 0$$

のように自動的に 0 となる．したがって，この力の場が保存力であるためには回転の z 成分が 0 となる条件

$$\frac{\partial f_y}{\partial x} - \frac{\partial f_x}{\partial y} = 0 \tag{6.40}$$

さえ成り立っていればよい．

例題 6.7

次の (x, y) 平面上の力 $\boldsymbol{f} = (f_x, f_y)$ が保存力かどうかを調べ，保存力ならばそのポテンシャル $U(x, y)$ を求めよ．(k は定数)

(1) $\boldsymbol{f} = \big(kx, k(y-x)\big)$,　(2) $\boldsymbol{f} = \big(k(x+y), k(x-y)\big)$

【解答】 回転の z 成分が 0 ならば保存力である．(1) については

$$\frac{\partial f_y}{\partial x} - \frac{\partial f_x}{\partial y} = \frac{\partial}{\partial x}(k(y-x)) - \frac{\partial}{\partial y}(kx) = -k \neq 0,$$

よって保存力でない．一方，(2) については

$$\frac{\partial f_y}{\partial x} - \frac{\partial f_x}{\partial y} = \frac{\partial}{\partial x}(k(x-y)) - \frac{\partial}{\partial y}(k(x+y)) = 0,$$

よって保存力であり，原点を基準とするポテンシャル U は

$$\begin{aligned} U(x,y) &= -\int_0^x f_x(x', y=0)\, dx' - \int_0^y f_y(x, y')\, dy' \\ &= -\int_0^x kx'\, dx' - \int_0^y k(x-y')\, dy' \\ &= -\frac{1}{2}k(x^2 + 2xy - y^2). \end{aligned}$$

□

演習問題 6

6.1 ばね定数 k のばねに取り付けられてつり合いの位置に静止している質量 m のおもりに瞬間的な力 (**撃力**という) を加えて振幅 A の単振動をさせるには，どれだけの力積が必要であるか．

6.2 毎秒 500 kg の気体 (空気＋燃料) を秒速 1000 m で噴射するジェットエンジンの推力 (機体を押す力) を求めよ．

6.3 けん玉で，質量 50 g の玉を吊して静止させた状態から糸に一定の張力を加えて鉛直上方に 10 cm 引き上げ，その勢いでそこから 40 cm 上の皿の位置に玉をちょうど静止させるにはどれだけの大きさの張力で引き上げればよいか．

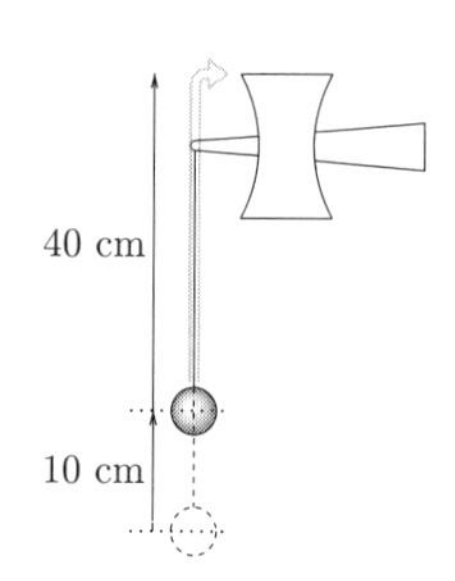

6.4 時速 120 km (= 33.3 m/s) の投球を打ち返してホームラン (水平距離 100 m 前方のフェンスを越える) としたい．打つ直前のボールの速度は水平であるとする．ボールの質量を 150 g，バットとボールの接触時間を 1.5×10^{-3} s，打った瞬間の打球の向きが投手方向に水平から 45° 上方の角度であるとすると，バットがボールに及ぼす平均の力の大きさはいくら以上でなくてはならないか．ただし，ボールを打った点の高さとフェンスの高さの差は無視してよい．

6.5 水平でなめらかな床面上を，質量 m の物体が初速度 v_0 で運動を始めた．物体には速度に比例する空気抵抗 $-Rv$ がはたらく．物体が始点から距離 x $(< \dfrac{mv_0}{R})$ の位置まで移動する間に空気抵抗がする仕事を求めよ．

6.6 水平な床面上に，壁からばね定数 k のばねでつながれた質量 m の物体が置かれている．物体に力を加え，ばねが自然長から a だけ伸びたところで静かに放すと，物体は床面上をすべり始め，ばねが自然長から b だけ縮んだところで速度が 0 となった．重力加速度を g として，物体と床との間の動摩擦係数 μ を求めよ．また，物体の速度の大きさの最大値を求めよ．

6.7 (x, y) 平面上の力の場 $(f_x(x,y),\, f_y(x,y)) = (\alpha y^2,\, \beta xy)$ (α, β は定数) が保存力となる条件を示し，そのときのポテンシャル $U(x,y)$ を求めよ．

6.8 モース (Morse) ポテンシャル

$$U(x) = e_0\{e^{-2k(x-a)} - 2e^{-k(x-a)}\} \quad (e_0,\, k,\, a \text{ は正の定数})$$

は，距離 x 離れた原子間にはたらく力の特徴をよく記述するポテンシャルとして知られている．このポテンシャルの平衡点とその安定性を調べよ．

6.9 質量 m の質点が (x, y) 平面上をポテンシャル $U(x,y) = \dfrac{k}{4}(x^2 - 2xy + y^2)$ (k は正の定数) による力を受けて運動する．時刻 $t = 0$ に原点を x 軸の正の向きの初速度 $(v_0, 0)$ で動き始めたとして，その後の質点の位置 (x, y) を時刻 t の関数で表せ．

7
中 心 力

惑星が太陽から受ける万有引力は，惑星の太陽からの距離のみで決まり，その向きは常に太陽のほうを向く．水素原子内の電子が原子核から受けるクーロン力も同様であり，このような力を中心力という．本章では，中心力を受ける質点の運動の性質と保存則について述べる．また，中心力の下での質点の軌道の形を表す軌道方程式を示し，これを応用して惑星の運動に関するケプラーの法則から万有引力の法則を導く．

7.1　中心力の保存性

図 7.1 のように，位置 $\boldsymbol{r}$ にある物体にはたらく力の向きが，原点 O をとおる直線に沿った向きに一致し，その大きさが中心からの距離 r のみの関数で表されるとき，このような力を原点 O を中心とする**中心力**という．極座標表示を用いて中心力 $\boldsymbol{f}(\boldsymbol{r})$ は

$$\boldsymbol{f}(\boldsymbol{r}) = f(r)\boldsymbol{e}_r \tag{7.1}$$

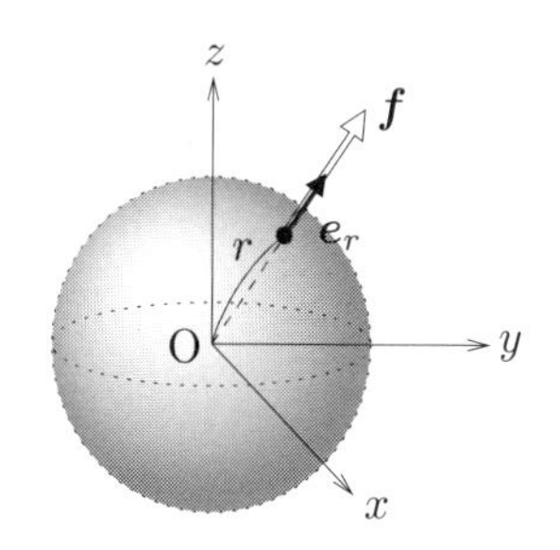

図 7.1　中心力

と表される．あらゆる中心力は保存力であり，そのポテンシャル U は $\boldsymbol{r}_0$ を基準として

$$U(\boldsymbol{r}) = -\int_{\boldsymbol{r}_0}^{\boldsymbol{r}} \boldsymbol{f}\cdot d\boldsymbol{r}' = -\int_{r_0}^{r} f(r')\,dr' = U(r) \tag{7.2}$$

のように，原点からの距離 r のみの関数で表される．実際，公式 (6.31) を用いてこのポテンシャルの勾配を計算すると，

$$-\boldsymbol{\nabla}U(r) = -U'(r)\frac{\boldsymbol{r}}{r} = f(r)\boldsymbol{e}_r$$

のように式 (7.1) の中心力が得られる．

中心力の代表的な例として万有引力とクーロン力があげられる．これらの力の強さは中心からの距離の 2 乗に反比例することから**逆 2 乗力**とよばれ，κ を定数として

$$\boldsymbol{f} = \frac{\kappa}{r^2}\boldsymbol{e}_r \tag{7.3}$$

の形に表される．$\kappa > 0$ のとき斥力，$\kappa < 0$ のとき引力である．このポテンシャルは，無限遠方を基準として

$$U(r) = \int_r^\infty \frac{\kappa}{r'^2}\,dr' = \frac{\kappa}{r} \tag{7.4}$$

と表される．

また，中心からあらゆる方向の変位に対してその変位に比例する復元力

$$\boldsymbol{f} = -k\boldsymbol{r} \quad (k > 0：\text{復元力定数}) \tag{7.5}$$

がはたらくような系を**等方調和振動子**という．この復元力のポテンシャル (等方調和振動子ポテンシャル) は原点を基準として

$$U(r) = -\int_0^r (-kr')\,dr' = \frac{1}{2}kr^2 \tag{7.6}$$

と表される．

7.2 角運動量とその保存

7.2.1 ベクトルの外積

中心力の下での質点の運動においては，「角運動量」という，運動をとおして一定に保たれる保存ベクトルが存在することが一般に示される．角運動量の定義にはベクトルの外積についての知識が必要となるので，ここではまずベクトルの外積を定義し，その基本的な性質について述べておこう．

空間における 2 つのベクトル $\boldsymbol{A}, \boldsymbol{B}$ に対して，その**外積** (ベクトル積)

$$\boldsymbol{C} = \boldsymbol{A} \times \boldsymbol{B}$$

が，以下の性質をもつベクトル $\boldsymbol{C}$ として定義される．

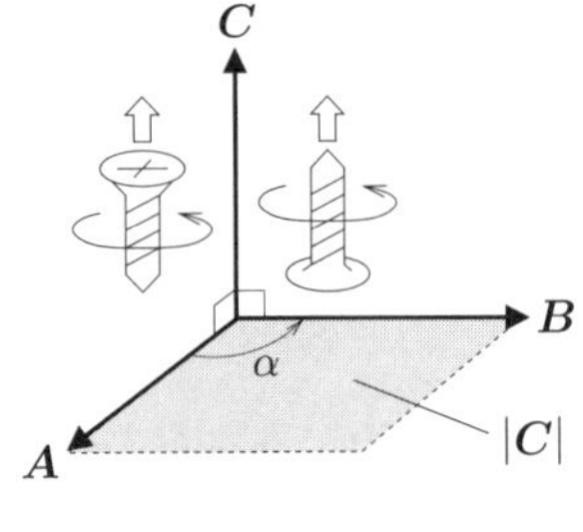

図 7.2 ベクトルの外積

- $\boldsymbol{C}$ は $\boldsymbol{A}, \boldsymbol{B}$ のいずれとも直交し，図 7.2 のように $\boldsymbol{A}$ を $\boldsymbol{B}$ に重なるように回した右ネジの進む向きをもつ．
- $\boldsymbol{C}$ の大きさは $\boldsymbol{A}, \boldsymbol{B}$ を二辺とする平行四辺形の面積[1]に等しく，$\boldsymbol{A}, \boldsymbol{B}$ のなす角を α $(0 \leq \alpha \leq \pi)$ とすると $|\boldsymbol{C}| = |\boldsymbol{A}||\boldsymbol{B}|\sin\alpha$ である．

このように定義された外積は一般に以下の性質を満たす：

- 反交換則：$\boldsymbol{A} \times \boldsymbol{B} = -\boldsymbol{B} \times \boldsymbol{A}$
- 定数倍則：$(c\boldsymbol{A}) \times \boldsymbol{B} = c(\boldsymbol{A} \times \boldsymbol{B})$　(c は定数スカラー)
- 分配則：$(\boldsymbol{A} + \boldsymbol{B}) \times \boldsymbol{C} = \boldsymbol{A} \times \boldsymbol{C} + \boldsymbol{B} \times \boldsymbol{C}$

反交換則と定数倍則は外積の定義から明らかである．分配則については以下に簡単な証明を与えておこう．図 7.3 のように $\boldsymbol{A}, \boldsymbol{B}$ を $\boldsymbol{C}$ に平行な部分と垂直な部分とに分解し，垂直な部分をそれぞれ $\boldsymbol{A}_\perp, \boldsymbol{B}_\perp$ とおくとき，

$$\boldsymbol{A} \times \boldsymbol{C} = \boldsymbol{A}_\perp \times \boldsymbol{C}, \quad \boldsymbol{B} \times \boldsymbol{C} = \boldsymbol{B}_\perp \times \boldsymbol{C}$$

が成り立つ (両辺のベクトルの大きさが等しく向きが一致する) ことは外積の定義から明らかである．$\boldsymbol{C}$ の向きの単位ベクトルを $\boldsymbol{e}_C$ とすると $\boldsymbol{C} = |\boldsymbol{C}|\boldsymbol{e}_C$ より，

$$\begin{aligned}\boldsymbol{A} \times \boldsymbol{C} + \boldsymbol{B} \times \boldsymbol{C} &= \boldsymbol{A}_\perp \times \boldsymbol{C} + \boldsymbol{B}_\perp \times \boldsymbol{C} \\ &= |\boldsymbol{C}|(\boldsymbol{A}_\perp \times \boldsymbol{e}_C + \boldsymbol{B}_\perp \times \boldsymbol{e}_C) \qquad (7.7)\end{aligned}$$

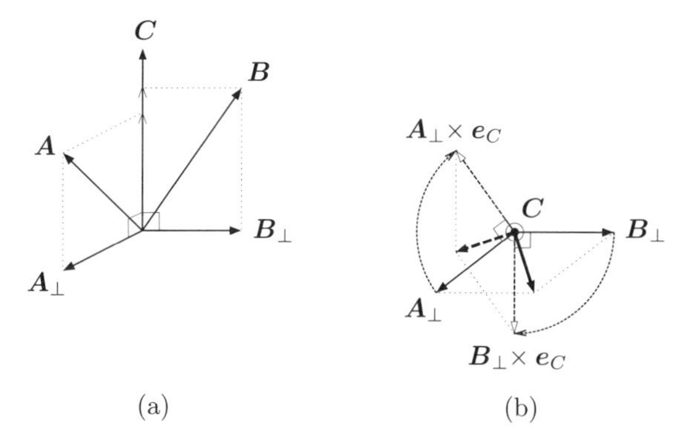

図 7.3 外積の分配則証明のための補助図．(b) は (a) をベクトル $\boldsymbol{C}$ の矢が指す向きから見た平面図．

1) ベクトル $\boldsymbol{A}, \boldsymbol{B}$ は空間的な長さの次元をもつものである必要はなく，ここでの「面積」とは，面の広さの概念を一般化したものである．

となる．図 7.3 (b) に示すように，$\boldsymbol{A}_\perp \times \boldsymbol{e}_C$, $\boldsymbol{B}_\perp \times \boldsymbol{e}_C$ は $\boldsymbol{C}$ に垂直な平面内で $\boldsymbol{A}_\perp$, $\boldsymbol{B}_\perp$ を同じ向きに 90° 回転したベクトルであるから，それらを合成したもの (太い実線の矢印) は，$\boldsymbol{A}_\perp$ と $\boldsymbol{B}_\perp$ を合成したベクトル (太い破線の矢印) を 90° 回転したものに等しい．よって式 (7.7) の右辺は

$$
\begin{aligned}
|\boldsymbol{C}|(\boldsymbol{A}_\perp \times \boldsymbol{e}_C + \boldsymbol{B}_\perp \times \boldsymbol{e}_C) &= |\boldsymbol{C}|(\boldsymbol{A}_\perp + \boldsymbol{B}_\perp) \times \boldsymbol{e}_C \\
&= (\boldsymbol{A}_\perp + \boldsymbol{B}_\perp) \times \boldsymbol{C} \\
&= (\boldsymbol{A} + \boldsymbol{B}) \times \boldsymbol{C}
\end{aligned}
$$

となり，分配則が証明された．

また，基本ベクトル $\boldsymbol{e}_x, \boldsymbol{e}_y, \boldsymbol{e}_z$ のあいだのベクトル積について以下の関係があることが，外積の定義から容易に確かめられる：

$$
\begin{aligned}
&\boldsymbol{e}_x \times \boldsymbol{e}_y = -\boldsymbol{e}_y \times \boldsymbol{e}_x = \boldsymbol{e}_z, \\
&\boldsymbol{e}_y \times \boldsymbol{e}_z = -\boldsymbol{e}_z \times \boldsymbol{e}_y = \boldsymbol{e}_x, \\
&\boldsymbol{e}_z \times \boldsymbol{e}_x = -\boldsymbol{e}_x \times \boldsymbol{e}_z = \boldsymbol{e}_y, \\
&\boldsymbol{e}_x \times \boldsymbol{e}_x = \boldsymbol{e}_y \times \boldsymbol{e}_y = \boldsymbol{e}_z \times \boldsymbol{e}_z = 0.
\end{aligned}
\tag{7.8}
$$

これらの関係式と分配則を用いることにより，$\boldsymbol{A} = (A_x, A_y, A_x)$, $\boldsymbol{B} = (B_x, B_y, B_z)$ に対して外積 $\boldsymbol{A} \times \boldsymbol{B}$ の成分表示が

$$
\begin{aligned}
\boldsymbol{A} \times \boldsymbol{B} &= (A_x\boldsymbol{e}_x + A_y\boldsymbol{e}_y + A_z\boldsymbol{e}_z) \times (B_x\boldsymbol{e}_x + B_y\boldsymbol{e}_y + B_z\boldsymbol{e}_z) \\
&= (A_yB_z - A_zB_y)\boldsymbol{e}_x + (A_zB_x - A_xB_z)\boldsymbol{e}_y + (A_xB_y - A_yB_x)\boldsymbol{e}_z \\
&= (A_yB_z - A_zB_y,\ A_zB_x - A_xB_z,\ A_xB_y - A_yB_x)
\end{aligned}
\tag{7.9}
$$

と求められる．この表式は符号に注意して正確に覚えておいてもらいたい．

なお，前章 6.3.4 項で述べたベクトル場 $\boldsymbol{A}(\boldsymbol{r})$ の回転 $\mathrm{rot}\,\boldsymbol{A}$ は，

$$
\begin{aligned}
\mathrm{rot}\,\boldsymbol{A} &= (\partial_y A_z - \partial_z A_y,\ \partial_z A_x - \partial_x A_z,\ \partial_x A_y - \partial_y A_x) \\
&= (\partial_x, \partial_y, \partial_z) \times (A_x, A_y, A_z) = \boldsymbol{\nabla} \times \boldsymbol{A}
\end{aligned}
$$

のようにナブラ演算子との外積で表すことができる．

問 7.1 外積の成分表示 (7.9) を用いて以下の計算をせよ．

(1) $(a, b, 0) \times (p, q, 0)$ (2) $\boldsymbol{\nabla} \times (az, bx, cy)$ (a, b, c は定数)

[答： (1) $(0, 0, aq - bp)$, (2) (c, a, b)]

■ 平面上のベクトルの外積

(x, y) 平面上の 2 つのベクトルの外積は，(x, y) 平面に垂直，すなわち z 方向の成分のみをもつベクトルとなる．外積は 3 次元ベクトルに対して定義される演算であるが，以下の節で物体の平面上の運動を扱うときにも，このような外積で表される量が必要になることがあり，その場合には，この外積 (の z 成分) をスカラー量として扱う．

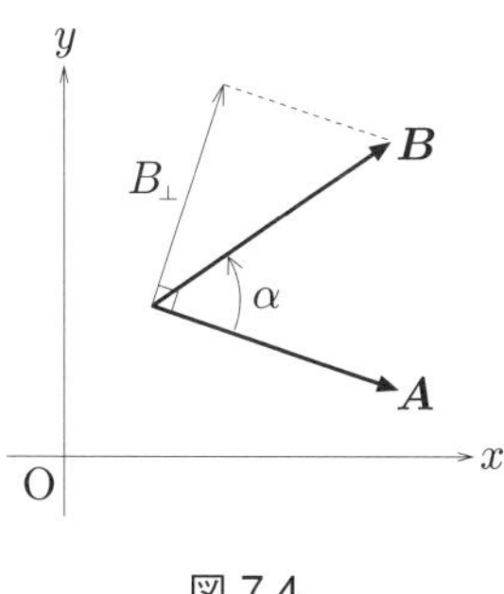

図 7.4

(x, y) 平面上のベクトル $\boldsymbol{A}, \boldsymbol{B}$ の外積 (の z 成分) C を計算する際，以下の性質が有用である．

- $\boldsymbol{A}$ の向きから反時計まわりに測った $\boldsymbol{B}$ の向きの角度を α とすると $C = |\boldsymbol{A}||\boldsymbol{B}|\sin\alpha$. 特に $\boldsymbol{A}$ と $\boldsymbol{B}$ が平行 $(\alpha = 0, \pi)$ であれば $C = 0$，$\boldsymbol{A}$ と $\boldsymbol{B}$ が垂直 $(\alpha = \pm\frac{\pi}{2})$ であれば $C = \pm|\boldsymbol{A}||\boldsymbol{B}|$ (複号同順) である．
- $\boldsymbol{A}$ を反時計まわりに $\frac{\pi}{2}$ 回転した向きへの $\boldsymbol{B}$ の成分を $B_\perp$ とすると，$C = |\boldsymbol{A}|B_\perp$，特に，$\boldsymbol{A}$ が x 方向のベクトル $(A_x, 0)$ であれば $C = A_x B_y$，$\boldsymbol{A}$ が y 方向のベクトル $(0, A_y)$ であれば $C = -A_y B_x$，$\boldsymbol{A}$ が動径方向のベクトルであれば $C = A_r B_\theta$ である．

7.2.2 回転運動と角運動量

質点の**回転運動**[2)]とは，質点がある考えている基準点との距離を保ちながら基準点からの向きを変化させるような運動をいう．この回転運動を特徴づけるには，どのような物理量を用いればよいだろうか．

図 7.5 に示すように，向きの変化の速さは基準点 O からの位置ベクトル $\boldsymbol{r}$ に垂直な方向の速度成分 $v_\perp$ に関係する．位置ベクトルと速度ベクトルの外積の大きさは

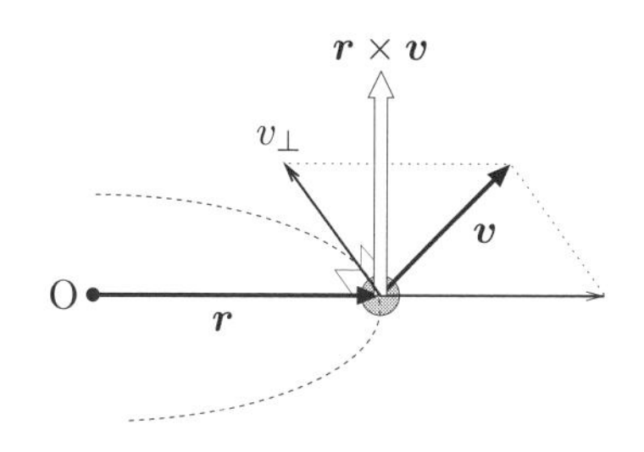

図 7.5 質点の回転運動を表すベクトル

2) 日本語で「回転」とよばれる運動には，大きさをもった物体の自転運動 (rotation, spin) と，ある基準点のまわりの周回運動 (revolution) の 2 種類がある．ここでは後者の意．

$$|\boldsymbol{r} \times \boldsymbol{v}| = rv_{\perp}$$

と表されるので，これを用いて $v_{\perp}$ を取り出すことができる．また，この外積 $\boldsymbol{r} \times \boldsymbol{v}$ の向きは回転軸の向きを表している．このように，ベクトル $\boldsymbol{r} \times \boldsymbol{v}$ は回転の速さと向きとを同時に表す物理量となっており，回転の性質を表す量として都合がよい．質点の回転運動は一般に，位置ベクトルと運動量ベクトルの外積により定義される**角運動量** (angular momentum)

$$\boldsymbol{l} = \boldsymbol{r} \times \boldsymbol{p} \tag{7.10}$$

を用いて記述される．$\boldsymbol{p} = m\boldsymbol{v}$ であるから，角運動量は上で考えたベクトル $\boldsymbol{r} \times \boldsymbol{v}$ に質量 m をかけたものとなっている．

いま，質点に力 $\boldsymbol{f}$ がはたらいているとする．角運動量の時間変化率は

$$\dot{\boldsymbol{l}} = \dot{\boldsymbol{r}} \times \boldsymbol{p} + \boldsymbol{r} \times \dot{\boldsymbol{p}}$$

となるが，右辺の第 1 項は速度と運動量という平行なベクトルどうしの外積であるから 0 である．また，第 2 項に運動方程式 $\dot{\boldsymbol{p}} = \boldsymbol{f}$ を用いることにより，

$$\dot{\boldsymbol{l}} = \boldsymbol{N}, \quad \text{ただし} \quad \boldsymbol{N} = \boldsymbol{r} \times \boldsymbol{f} \tag{7.11}$$

が得られる．位置ベクトル $\boldsymbol{r}$ と力 $\boldsymbol{f}$ の外積で定義されるベクトル $\boldsymbol{N} = \boldsymbol{r} \times \boldsymbol{f}$ を**力のモーメント**という．このように，角運動量の時間変化率は質点にはたらく力のモーメントに等しい．式 (7.11) は，質点の回転運動の変化と力の関係を記述する方程式であり，**角運動量方程式**という．

ここで，(x, y) 平面上の運動における並進運動と回転運動を比較することにより，角運動量という物理量の意味について詳しく考察してみよう．デカルト座標において，質量 m の質点の位置座標 x の時間変化率は，x 方向の運動量 p_x を用いて

$$\dot{x} = \frac{p_x}{m} \tag{7.12}$$

と表される．運動量は並進運動状態を表す物理量でその時間変化率が力によって与えられ，運動量を慣性質量 (力の作用に対して並進運動状態を保持しようとする性質の強さ) で割ったものが位置の時間変化を与えることを表している．これに対応する，平面極座標の方位角 θ の時間変化を考えよう．(x, y) 平面上の運動では，角運動量はこの平面に垂直な z 方向の成分

$$l = xp_y - yp_x$$

表 7.1　並進運動と回転運動の比較

	並進運動	回転運動
座　標	デカルト座標 x	角度座標 θ
変化率	速度 $v_x = \dot{x}$	角速度 $\omega = \dot{\theta}$
慣　性	質量 m	慣性モーメント $I = mr^2$
運動状態	運動量 $p_x = mv_x$	角運動量 $l = I\omega$
変化の源	力 $f_x = \dot{p}_x$	力のモーメント $N = \dot{l}$

のみをもつ．方位角 θ の時間変化率は $\tan\theta = \dfrac{y}{x}$ の両辺を時間で微分することにより

$$\frac{\dot{\theta}}{\cos^2\theta} = \frac{x\dot{y} - y\dot{x}}{x^2} = \frac{xp_y - yp_x}{mr^2\cos^2\theta},$$

$$\therefore\ \dot{\theta} = \frac{l}{mr^2} = \frac{l}{I}, \quad \text{ただし} \quad I = mr^2 \tag{7.13}$$

と表される．式 (7.13) 右辺の分母に現れる $I = mr^2$ は**慣性モーメント** (moment of inertia) とよばれ，力のモーメントの作用に対して質点がその回転運動状態を保とうとする性質の強さを表す物理量となっている．つまり，同じ力のモーメントが作用しても，物体の慣性モーメントが大きいほどその角速度の変化は小さい．回転運動状態を表す角運動量は，その時間変化率が力のモーメントによって与えられ，角運動量を慣性モーメントで割ったものが角度の時間変化を与えている．こうして式 (7.12) と式 (7.13) により並進運動と回転運動を比較すると，表 7.1 のような対応関係があることがわかる．位置 x と運動量 p_x の関係が，角度 θ と角運動量 l の関係に対応しており，「角度に対する運動量」の意味で「角運動量」という名称が用いられているのである．

角運動量方程式 (7.11) の両辺を時間について t_1 から t_2 まで積分すると

$$\boldsymbol{l}(t_2) - \boldsymbol{l}(t_1) = \int_{t_1}^{t_2} \boldsymbol{N}\,dt \tag{7.14}$$

となる．この式の右辺の，力のモーメントの時間積分は**角力積**またはトルク積とよばれるベクトルである．したがって，ある時間内の角運動量の変化は，その時間内に物体が受けた角力積に等しい．これは，運動量と力積の関係，運動エネルギーと仕事の関係とならび，運動の積分法則の一つを与える．

質点が受ける力が中心力であれば，力は位置ベクトル $\boldsymbol{r}$ と同じ向きをもつの

で力のモーメントは0であり，角運動量は時間によらず一定に保たれる．したがって，中心力を受けて運動する質点の角運動量は保存する．これを**角運動量保存則**という．角運動量が保存するとき，$\boldsymbol{r}$, $\boldsymbol{p}$ は一定のベクトル $\boldsymbol{l}$ に常に垂直であるから，物体は常に，力の中心をとおり $\boldsymbol{l}$ に垂直な一定の平面上を運動する．この面のことを**軌道平面**という．

例題 7.1　イオンによる電子の散乱

図7.6のように，原点Oに置かれた負イオンに向かって質量 m の電子が遠方から x 軸に平行な大きさ v_0 の速度で x 軸との距離 b の直線に沿って近づく．電子はイオンからの距離 r の2乗に反比例する強さの斥力

$$f(r) = \frac{\kappa}{r^2} \quad (\kappa \text{ は正の定数})$$

を受けて散乱され，再び遠方へと飛び去る．電子がイオンに最も近づくときのイオンからの距離 r_1 と速度の大きさ v_1 を求めよ．ただし，イオンの質量は電子にくらべてはるかに大きく，イオンは原点に静止しているとしてよい．

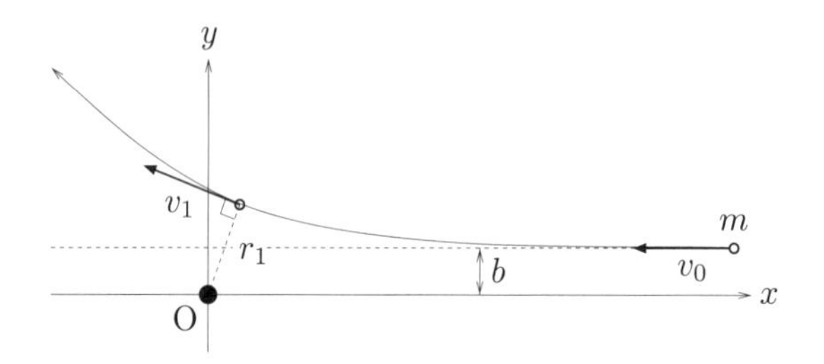

図7.6

【解答】　イオンにはたらく力は中心力であるから，力学的エネルギーおよび角運動量が保存する．ポテンシャル U は無限遠方を基準として $U(r) = \dfrac{\kappa}{r}$ であるから，力学的エネルギー保存則より

$$\frac{1}{2}mv_1^2 + \frac{\kappa}{r_1} = \frac{1}{2}mv_0^2$$

が成り立つ．また，電子がイオンに最も近づく点では速度の動径成分は0であるから角運動量は mr_1v_1 と表され，角運動量保存則より

$$mr_1v_1 = mbv_0$$

が成り立つ．これらを連立させることにより

$$r_1 = \frac{\kappa + \sqrt{\kappa^2 + (mbv_0^2)^2}}{mv_0^2}, \quad v_1 = \frac{mbv_0^3}{\kappa + \sqrt{\kappa^2 + (mbv_0^2)^2}}$$

が得られる． □

＊ ＊ ＊ ＊ ＊

力が中心力でなくても，力のモーメントのある方向の成分が常に0であれば，その方向の角運動量成分が保存する．

例題 7.2 円錐形斜面上の運動

図7.7に示すような傾斜角 α のなめらかな円錐形斜面上で質量 m の小球を運動させる．中心から水平距離 r_0 の点で円周方向の初速度 v_0 を与えたとして，中心に最も近づくときの中心からの水平距離 r_1 と速度の大きさ v_1 を求めよ．

【解答】 小球には重力 $m\boldsymbol{g}$ ($\boldsymbol{g}$ は重力加速度) と斜面からの垂直抗力 $\boldsymbol{f}_\mathrm{n}$ のみがはたらき，垂直抗力は仕事をしないので重力ポテンシャル下での力学的エネルギー保存則

$$\frac{1}{2}mv_1^2 + mgr_1 \tan\alpha = \frac{1}{2}mv_0^2 + mgr_0 \tan\alpha$$

が成り立つ．また，位置ベクトル $\boldsymbol{r}$ も小球にはたらく力 $\boldsymbol{f} = \boldsymbol{f}_\mathrm{n} + m\boldsymbol{g}$ も，ともに鉛直面内のベクトルであり，力のモーメント $\boldsymbol{N} = \boldsymbol{r} \times \boldsymbol{f}$ は水平成分のみをもつので，鉛直方向の角運動量が保存する．始点および最下点で速度は水平なので，鉛直方向の角運動量保存則は

$$mr_1v_1 = mr_0v_0$$

と表される．これらを連立させて

$$v_1 = \frac{4\beta}{1 + \sqrt{1 + 8\beta}}\, v_0,$$

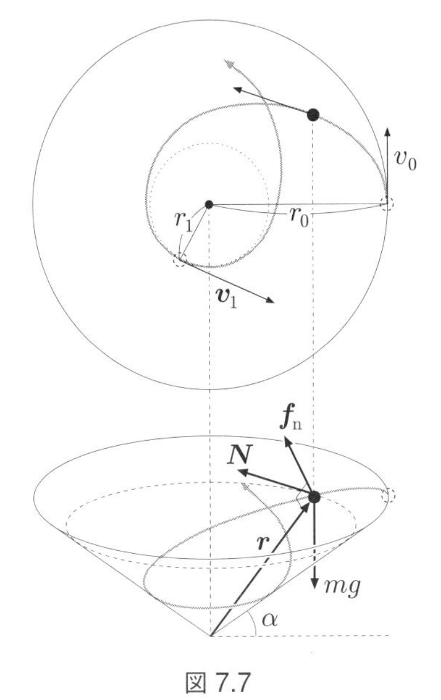

図 7.7

$$r_1 = \frac{1+\sqrt{1+8\beta}}{4\beta} r_0, \quad \text{ただし,} \quad \beta = \frac{g r_0 \tan\alpha}{v_0^2}$$

が得られる．なお，斜面上で小球が等速円運動するためには，重力と遠心力の斜面方向成分のつり合い条件

$$mg\sin\alpha = \frac{m v_0^2}{r_0}\cos\alpha,$$
$$\therefore\ v_0^2 = g r_0 \tan\alpha \quad (\beta = 1)$$

が成り立っていればよい．□

7.3　極座標表示の運動方程式と軌道方程式

中心力の下での運動を記述するには極座標を用いるのが便利である．質点は軌道平面上に制限されるので，ここでは軌道平面上の平面極座標 (r,θ) を用いる．第1章で導いたように，平面極座標表示による速度と加速度は，それぞれ

$$\boldsymbol{v} = \dot{r}\boldsymbol{e}_r + r\dot{\theta}\boldsymbol{e}_\theta,$$
$$\boldsymbol{a} = (\ddot{r} - r\dot{\theta}^2)\boldsymbol{e}_r + (2\dot{r}\dot{\theta} + r\ddot{\theta})\boldsymbol{e}_\theta$$

である．角運動量 $\boldsymbol{l}$ は軌道平面に垂直な保存ベクトルとなるが，軌道平面を (x,y) 平面に選ぶと

$$\boldsymbol{l} = m\boldsymbol{r}\times\boldsymbol{v} = mr\boldsymbol{e}_r \times (v_r\boldsymbol{e}_r + v_\theta\boldsymbol{e}_\theta) = mrv_\theta\boldsymbol{e}_z$$

より，この平面運動を考える際に角運動量は

$$l = mrv_\theta = mr^2\dot{\theta} \tag{7.15}$$

で表されるスカラー量として扱うことができる．運動エネルギー K は，角運動量 l を用いて

$$K = \frac{1}{2}m(\dot{r}^2 + r^2\dot{\theta}^2) = \frac{1}{2}m\dot{r}^2 + \frac{l^2}{2mr^2} \tag{7.16}$$

と表される．右辺第2項は運動エネルギーのうち回転運動に関係する部分を表しており，**回転エネルギー**という．またこの項は，その勾配が

$$\boldsymbol{f}_\mathrm{c} = -\boldsymbol{\nabla}\frac{l^2}{2mr^2} = \frac{l^2}{mr^3}\,\boldsymbol{e}_r \tag{7.17}$$

により遠心力 $\boldsymbol{f}_\mathrm{c}$ を与えることから**遠心力ポテンシャル** (centrifugal potential) ともよばれる．

運動方程式を動径方向と角度方向についてそれぞれ記すと

$$m(\ddot{r} - r\dot{\theta}^2) = f(r), \tag{7.18}$$

$$m(2\dot{r}\dot{\theta} + r\ddot{\theta}) = 0 \tag{7.19}$$

となる．ここで式 (7.19) は，角運動量保存則を表している．実際，角運動量 (7.15) を時間で微分すると

$$\dot{l} = \frac{d}{dt}(mr^2\dot{\theta}) = m(2r\dot{r}\dot{\theta} + r^2\ddot{\theta}) = 0$$

が成り立つことがわかる．ここで，式 (7.18) に $\dot{\theta} = \dfrac{l}{mr^2}$ を代入することにより，r のみに関する方程式

$$m\ddot{r} - \frac{l^2}{mr^3} = f(r),$$

$$\therefore\ m\ddot{r} = f(r) + f_{\mathrm{c}}(r), \quad \text{ただし} \quad f_{\mathrm{c}} = \frac{l^2}{mr^3} \tag{7.20}$$

が導かれる．この式を**動径方程式**という．このように中心力の下での運動は，遠心力 f_{c} を考慮した r 方向の 1 次元運動として扱うことができる．

式 (7.20) の右辺を左辺に移項して全体に $\dot{r}$ をかけ，力 $f(r)$ がポテンシャル $U(r)$ を用いて $f(r) = -U'(r)$ と表されることを用いると，

$$m\dot{r}\ddot{r} - \frac{l^2\dot{r}}{mr^3} + U'(r)\dot{r} = \frac{d}{dt}\left[\frac{1}{2}m\dot{r}^2 + \frac{l^2}{2mr^2} + U(r)\right] = 0,$$

$$\therefore\ \frac{d}{dt}\left[K + U(r)\right] = 0 \tag{7.21}$$

という関係が導かれる．これは力学的エネルギー $K + U$ の保存則を表している．$U(r)$ と遠心力ポテンシャル $\dfrac{l^2}{2mr^2}$ の和

$$U_{\mathrm{eff}}(r; l) = U(r) + \frac{l^2}{2mr^2} \tag{7.22}$$

を動径運動に対する**有効ポテンシャル**といい，与えられた角運動量 l に対して動径方程式は

$$m\ddot{r} = -\frac{d}{dr}U_{\mathrm{eff}}(r; l) \tag{7.23}$$

と書ける．また，r が一定の円運動では $\ddot{r} = 0$，したがって $\dfrac{d}{dr}U_{\mathrm{eff}} = 0$ であり，円軌道の半径は有効ポテンシャルの平衡点に対応している．

中心力の下では角運動量 l が保存されるので $\dot{\theta} = \dfrac{l}{mr^2}$ は一定の符号をもち，角度 θ は時間に対して単調に変化する．したがって，中心からの距離 r は角度 θ の関数 $r(\theta)$ として表すことができる．これを極座標表示における**軌道の式**といい，$r(\theta)$ が従う微分方程式を**軌道方程式**という．

動径方程式 (7.20) から軌道方程式を導こう．r の時間微分は

$$\dot{r} = \frac{dr}{dt} = \frac{d\theta}{dt}\frac{dr}{d\theta} = \frac{l}{mr^2}\frac{dr}{d\theta},$$

ここで $r = \dfrac{1}{u}$ と変数変換すると，

$$\dot{r} = \frac{lu^2}{m}\frac{d}{d\theta}\left(\frac{1}{u}\right) = -\frac{lu^2}{m}\frac{1}{u^2}\frac{du}{d\theta} = -\frac{l}{m}\frac{du}{d\theta},$$

もう一度時間で微分して

$$\ddot{r} = -\frac{l}{m}\frac{d}{dt}\left(\frac{du}{d\theta}\right) = -\frac{l}{m}\frac{d\theta}{dt}\frac{d^2u}{d\theta^2} = -\frac{l^2u^2}{m}\frac{d^2u}{d\theta^2},$$

よって式 (7.20) より

$$-\frac{l^2u^2}{m}\frac{d^2u}{d\theta^2} = f\left(\frac{1}{u}\right) + \frac{l^2}{m}u^3,$$

$$\therefore\ \frac{d^2u}{d\theta^2} + u = -\frac{m}{l^2u^2}f\left(\frac{1}{u}\right) \tag{7.24}$$

が得られる．このように，動径方程式は $u = \dfrac{1}{r}$ の従う方程式とすることにより簡単な式で表すことができる．この式は，中心力 $f(r)$ の関数形から軌道の形を導くのに用いられるほか，軌道の形から中心力 $f(r)$ を求める目的に利用することもできる．

例題 7.3 逆 2 乗力

原点からの距離 r の 2 乗に反比例する中心力 $f(r) = \dfrac{\kappa}{r^2}$ (κ は定数) を受けながら運動する質点 m の軌道の式を求めよ．

【解答】 軌道方程式 (7.24) に $f\left(\dfrac{1}{u}\right) = \kappa u^2$ を代入すると，

$$\frac{d^2u}{d\theta^2} + u = -\frac{m\kappa}{l^2} \tag{7.25}$$

となる．

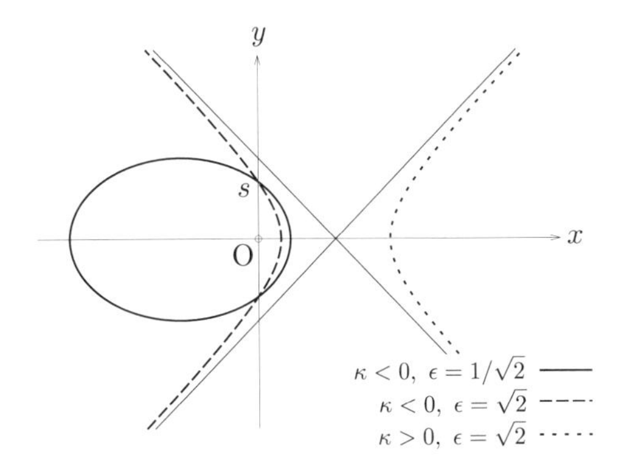

図 7.8 逆 2 乗力の下での物体の軌道

まず，力が引力 $(\kappa < 0)$ の場合について考える．長さの次元をもつ正の定数 $s = -\dfrac{l^2}{m\kappa}$ を定義すると，式 (7.25) は

$$\frac{d^2u}{d\theta^2} + u = \frac{1}{s} \tag{7.26}$$

となり，この微分方程式の一般解は，A を正の定数，α を任意定数として

$$u(\theta) = \frac{1}{s} + A\cos(\theta - \alpha)$$

と表される．α は角度 θ の基準のとり方により自由に選べるので，簡単のため $\alpha = 0$ とすると，軌道の式は

$$r(\theta) = \frac{s}{1 + \epsilon\cos\theta}, \quad ただし \quad \epsilon = As > 0 \tag{7.27}$$

となる．この軌道は，$0 < \epsilon < 1$ のとき図 7.8 に太い実線で示したような原点を焦点の一つとする楕円，また $\epsilon > 1$ のとき，角度 θ は $\cos\theta < \dfrac{1}{\epsilon}$ を満たす範囲に限られ，図 7.8 に太い破線で示したような双曲線軌道 (左側) となっている．細い実線はこの双曲線の漸近線を表す．

次に，力が斥力 $(\kappa > 0)$ のときには，$s = \dfrac{l^2}{m\kappa} > 0$ とおくと，式 (7.25) の解は

$$u(\theta) = -\frac{1}{s} + A\cos\theta \quad (A > 0)$$

と表されるが，$u > 0$ となる θ が存在するためには $A > \dfrac{1}{s}$ でなくてはならない．したがって軌道の式は

$$r(\theta) = \frac{s}{\epsilon\cos\theta - 1}, \quad ただし \quad \epsilon = As > 1 \tag{7.28}$$

となる．この軌道は $\cos\theta > \dfrac{1}{\epsilon}$ の範囲に限られ，図 7.8 に太い点線で示した双曲線軌道 (右側) となる． □

これらの軌道が楕円や双曲線であることの詳しい説明は付録 A.6 を参照されたい．

例題 7.4 螺旋軌道を与える力

軌道の式が指数関数型の螺旋(らせん) $r(\theta) = r_0 e^{-a\theta}$ となるような中心力を求めよ．

【解答】 与えられた軌道の式より，

$$u = \frac{1}{r} = \frac{1}{r_0}e^{a\theta}, \quad \therefore \ \frac{d^2u}{d\theta^2} = \frac{a^2}{r_0}e^{a\theta} = a^2 u$$

を軌道方程式 (7.24) に代入すると，

$$f = -\frac{l^2u^2}{m}\left(\frac{d^2u}{d\theta^2} + u\right) = -\frac{l^2(a^2+1)}{m}u^3 = -\frac{l^2(a^2+1)/m}{r^3}.$$

よって，f は中心からの距離の 3 乗に反比例する引力である． □

7.4 重力と惑星の運動

太陽系を構成する 8 つの惑星は，太陽からの引力を受けて太陽のまわりを周回している．ケプラー (J. Kepler, ドイツの天文学者) はティコ=ブラーエ (Tycho Brahe, デンマークの天文学者) から託された惑星運動の観測結果を分析し，以下の 3 つの法則が成り立つことを見いだした．

ケプラーの法則 (1619)

第 1 法則：惑星は太陽を焦点の一つとする楕円軌道上を周回する．

第 2 法則：各惑星と太陽を結ぶ線分が単位時間あたりを掃過する面積 (面積速度) は時間によらず一定である．

第 3 法則：惑星の平均軌道半径の 3 乗と公転周期の 2 乗の比は，惑星の軌道や質量によらない一定値をとる．

ニュートンは，運動の法則とケプラーの法則をもとに，万有引力の法則 (3.1) を導いた．以下では，その導き方についてみていこう．

■ 第1・第2法則と中心力

まず最初に，第2法則について考察する．惑星の速度を $\boldsymbol{v}$ とすると，微小時間 Δt の間の惑星の変位は $\boldsymbol{v}\Delta t$ であり，その間に太陽と惑星を結ぶ線分の描く面積 ΔS は，図 7.9 のように太陽を基準とする惑星の位置ベクトル $\boldsymbol{r}$ と惑星の変位ベクトル $\boldsymbol{v}\Delta t$ を2辺とする三角形の面積に等しい．これは外積を用いて

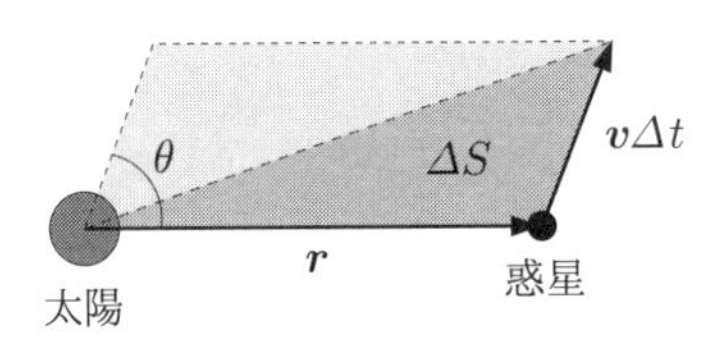

図 7.9　面積速度

$$\Delta S = \frac{1}{2}|\boldsymbol{r} \times (\boldsymbol{v}\Delta t)| = \frac{1}{2}|\boldsymbol{r} \times \boldsymbol{v}|\Delta t \tag{7.29}$$

と表すことができる．したがって，面積速度は

$$\frac{\Delta S}{\Delta t} = \frac{1}{2}|\boldsymbol{r} \times \boldsymbol{v}| = \frac{1}{2m}|\boldsymbol{r} \times \boldsymbol{p}| \tag{7.30}$$

と，角運動量 $\boldsymbol{l} = \boldsymbol{r} \times \boldsymbol{p}$ の大きさに比例する．よって，面積速度が一定であることは角運動量の大きさが一定であることを意味する．第1法則より軌道は一定の平面上にあるから，角運動量の向きはこの軌道平面に垂直で変化しない．したがって，角運動量ベクトル $\boldsymbol{l}$ は一定であり，惑星にはたらく力のモーメントは0であるから，惑星は太陽の方向への力を受けていることがわかる．また，空間はあらゆる方向に一様 (等方的) であると考えられるので，惑星が太陽から受ける力の大きさは太陽からの方向によらず太陽からの距離 r だけで定まる．こうして，惑星が太陽から受ける力は中心力 $\boldsymbol{f}(\boldsymbol{r}) = f(r)\boldsymbol{e}_r$ であることが結論される．

■ 第1法則と逆2乗力

惑星の軌道が太陽を焦点の一つとする楕円軌道であるという性質を用いて，惑星にはたらく中心力 $f(r)$ の性質を導くことができる．面積速度の2倍を表す定数を $w = |\boldsymbol{r} \times \boldsymbol{v}|$ とすると，角運動量 $l = mw$ より，軌道方程式 (7.24) は

$$\frac{d^2u}{d\theta^2} + u = -\frac{1}{mw^2u^2}f\left(\frac{1}{u}\right) \tag{7.31}$$

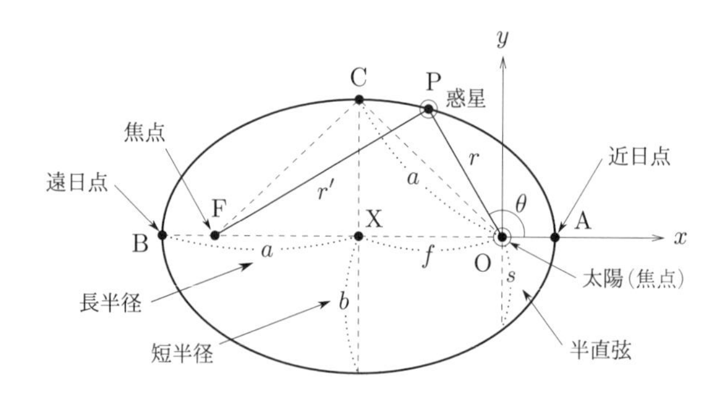

図 7.10 惑星の楕円軌道の形状と各部の名称

と表される．したがって，軌道の式 $u(\theta)$ が与えられれば，

$$f\left(\frac{1}{u}\right) = -mw^2u^2\left(\frac{d^2u}{d\theta^2} + u\right) \tag{7.32}$$

により，力 $f(r)$ が得られる．

ここで図 7.10 のように，太陽の位置を原点 O として惑星が運動する軌道平面を (x, y) 平面とし，楕円の長軸に沿って x 軸を選ぶ．点 O は 1 つの焦点で，楕円の中心 X について点 O と対称な位置にもう 1 つの焦点 F があり，楕円はこれら 2 つの焦点からの距離 r, r' の和が一定の点 P の軌跡である．惑星が太陽に最も近づく点 A を**近日点**，太陽から最も遠ざかる点 B を**遠日点**という．楕円の中心 X から各焦点 O, F までの距離 f の長半径 a に対する比 ϵ $(0 \leq \epsilon < 1)$ を**離心率**といい，$f = \epsilon a$，短半径は $b = \sqrt{1-\epsilon^2}a$，また，焦点 O をとおり長軸に垂直な弦の長さの半分 s を半直弦といい，$s = (1-\epsilon^2)a$ が成り立つ．これらを用いて楕円の式は

$$r(\theta) = \frac{s}{1 + \epsilon\cos\theta} \tag{7.33}$$

と表される．楕円の式に関する詳細については付録 A.6 を参照されたい．

楕円軌道の式 (7.33) を軌道方程式 (7.32) に適用すると，

$$u(\theta) = \frac{1}{r(\theta)} = \frac{1 + \epsilon\cos\theta}{s}$$

より，

$$\frac{d^2u}{d\theta^2} = -\frac{\epsilon\cos\theta}{s}, \quad \therefore \ \frac{d^2u}{d\theta^2} + u = \frac{1}{s}.$$

したがって

$$f(r) = -mw^2u^2\frac{1}{s} = -\frac{mw^2}{sr^2} \tag{7.34}$$

が得られ，惑星にはたらく力が太陽からの距離の 2 乗に反比例することが示された．

■ 第 3 法則と万有引力

惑星の太陽からの平均の距離 (平均軌道半径) は，軌道楕円の長半径 $a = \dfrac{s}{1-\epsilon^2}$ に等しい[3]．また，惑星の公転周期 T は，軌道楕円の面積 $S = \pi ab = \pi\sqrt{1-\epsilon^2}a^2$ を面積速度 $\dfrac{w}{2}$ で割ったものに等しいので

$$T = \frac{2\pi\sqrt{1-\epsilon^2}a^2}{w}$$

が成り立つ．第 3 法則より，平均軌道半径 a の 3 乗と公転周期 T の 2 乗の比

$$\frac{a^3}{T^2} = \frac{a^3}{(2\pi)^2(1-\epsilon^2)a^4/w^2} = \frac{w^2}{(2\pi)^2 s}$$

が惑星の軌道半径や惑星の質量によらず一定であることから

$$\frac{w^2}{s} = K \quad (K\text{ は惑星によらない定数}), \tag{7.35}$$

よって式 (7.34) は

$$f(r) = -\frac{Km}{r^2} \tag{7.36}$$

となり，惑星が受ける力の大きさは惑星の質量 m に比例することがわかる．作用反作用の法則より，惑星が太陽から力を受ければ太陽も同じ大きさで逆向きの力を惑星から受けており，この力は太陽の質量 M にも比例するはずであるから $K = GM$ と書ける．こうして惑星と太陽のあいだにはたらく力が

$$f(r) = -\frac{GMm}{r^2}$$

と表されることが示された．この力は質量をもつすべての物体間にはたらくことから**万有引力**とよばれる．定数 G は物体の種類や質量によらない普遍定数であり，**万有引力定数** (重力定数) という．万有引力定数の値は

$$G = 6.67259 \times 10^{-11}\ \mathrm{m^3/kg \cdot s^2}$$

である．

---

3)　楕円軌道上の点の 2 つの焦点からの距離 r, r' の和は一定値 $(r + r' = 2a)$ をとり，r の平均値 $\bar{r}$ と r' の平均値 $\bar{r}'$ が等しいことから $\bar{r} = \bar{r}' = a$ が得られる．

万有引力の法則 (1657, I. ニュートン)

すべての物体のあいだには互いに引き合う力 (万有引力 = 重力) がはたらき，その大きさは両物体の質量 m_1, m_2 に比例し，物体間の距離 r の 2 乗に反比例する．

$$f(r) = -G\frac{m_1 m_2}{r^2}$$

例題 7.5 惑星の質量

月の公転軌道半径 $a = 3.84 \times 10^5\,\mathrm{km}$，公転周期 $T = 27.3\,\mathrm{days} = 2.36 \times 10^6\,\mathrm{s}$ を用いて地球の質量を求めよ．

【解答】 月の質量は地球の質量より十分小さく，静止した地球のまわりを月が周回していると近似する[4)]．ケプラーの第 3 法則において惑星を月，太陽を地球に置き換えると，地球の質量を M として

$$\frac{a^3}{T^2} = \frac{GM}{(2\pi)^2}.$$

これより

$$M = \frac{(2\pi)^2 a^3}{GT^2} = 6.0 \times 10^{24}\,\mathrm{kg}.$$

このように，衛星をもつ惑星の質量は，衛星の公転運動の観測により知ることができる． □

■ 太陽の重力を受ける天体の軌道と力学的エネルギー

前節の例題 7.3 で一般の逆 2 乗力に対して示したように，太陽からの重力を受けて運動する天体の軌道の式は一般に

$$r(\theta) = \frac{s}{1 + \epsilon\cos\theta} \tag{7.37}$$

で表され，$\epsilon < 1$ のとき楕円軌道，$\epsilon > 1$ のとき双曲線軌道となる．この軌道の形が力学的エネルギー E の符号によって決まることを以下に示そう．

---

4) 月の質量は 7.3×10^{22} kg で，地球の質量の約 $\dfrac{1}{80}$ である．

力学的エネルギーは保存されるので，$\theta = 0$ のときの値を用いればよい．このとき $r = \dfrac{s}{1+\epsilon}$, $\dot{r} = 0$，また，式 (7.35) より $w^2 = Ks = GMs$，よって角運動量は $l = mw = m\sqrt{GMs}$ であるから

$$E = -\frac{GMm}{r} + \frac{l^2}{2mr^2} = -\frac{(1-\epsilon^2)GMm}{2s} \tag{7.38}$$

となる．したがって天体は，力学的エネルギーが $E < 0$ のとき $\epsilon < 1$ で楕円軌道，$E > 0$ のとき $\epsilon > 1$ で双曲線軌道を描くことがわかる．楕円軌道のとき，半直弦 s は長半径 a と $s = (1-\epsilon^2)a$ の関係をもつので，力学的エネルギーは

$$E = -\frac{GMm}{a} \tag{7.39}$$

のように長半径 a だけで表される．$E = 0$ は天体が太陽からの重力の束縛を脱して無限遠方に達しうる最小の力学的エネルギーで，このときの軌道 ($\epsilon = 1$) は放物線軌道となる (☞ 付録 A.6).

演習問題 7

7.1 逆 2 乗引力 $f(r) = -\dfrac{\kappa}{r^2}$ の下で，質量 m の質点が楕円軌道を描いて運動している．質点が原点に最も近づくときの距離を r_1，原点から最も離れるときの距離を r_2 とするとき，この質点の角運動量と力学的エネルギーを求めよ．

7.2 中心力 $f(r) = -\dfrac{\kappa}{r^2} + \dfrac{\lambda}{r^3}$ を受けて運動する質量 m の質点の描く軌道の式を求めよ．

7.3 ハレー彗星は太陽のまわりの楕円軌道を公転周期約 75 年で周回し，その近日点距離 (太陽に最も近づいたときの太陽からの距離) は地球の公転軌道半径 r_{E} の約 0.6 倍である．この彗星の遠日点距離 (太陽から最も遠ざかったときの太陽からの距離) は r_{E} の約何倍であるか．

7.4 質量 M の地球のまわりを速さ v_0 で円運動している質量 m の人工衛星が，瞬間的に速度を同じ向きに α 倍 ($\alpha > 1$) に加速した．その後の人工衛星の軌道が楕円軌道となるための α の条件を求めよ．また，加速後の公転周期はもとの円運動の周期の何倍になるか．

8
多粒子系の運動

この章では，互いに力を及ぼし合う多数の粒子 (質点) の運動について考える．まず簡単のため 2 粒子からなる系について考え，最後に N 粒子系へと一般化する．

8.1　2 粒子系の保存則

多粒子からなる系において各粒子に番号を付け，i 番目の粒子 (粒子 i) の質量を m_i，位置ベクトルを $\boldsymbol{r}_i$ とする．これらの粒子に外部からはたらく力 (重力，外部電磁場からの力など) を**外力**，構成粒子どうしが互いに及ぼし合う力を**内力**という．以下では，粒子 i にはたらく外力を $\boldsymbol{f}_i$，粒子 i が粒子 j から受ける力 (内力) を $\boldsymbol{f}_{ij}$ と記す．

いま，粒子 1, 2 が互いに力を及ぼし合い，またそれらに外部から力がはたらいているとすると，各粒子についての運動方程式は

$$
\begin{aligned}
&m_1\ddot{\boldsymbol{r}}_1 = \boldsymbol{f}_1 + \boldsymbol{f}_{12}, \\
&m_2\ddot{\boldsymbol{r}}_2 = \boldsymbol{f}_2 + \boldsymbol{f}_{21}
\end{aligned}
\tag{8.1}
$$

と表される．ここで，この 2 粒子系の全運動量 (合成運動量) $\boldsymbol{P}$ を各粒子の運動量の和

$$
\boldsymbol{P} = \boldsymbol{p}_1 + \boldsymbol{p}_2 = m_1\dot{\boldsymbol{r}}_1 + m_2\dot{\boldsymbol{r}}_2 \tag{8.2}
$$

で定義する．その時間変化率は，運動方程式 (8.1) および作用反作用の法則 ($\boldsymbol{f}_{21} = -\boldsymbol{f}_{12}$) により

$$
\dot{\boldsymbol{P}} = \boldsymbol{f}_1 + \boldsymbol{f}_2 \tag{8.3}
$$

となり，外力の和に等しいことがわかる．外力がはたらかないか，それらの合力

が0，すなわち，つり合いの状態にある場合は，式(8.3)の右辺が0となり，系の全運動量は時間によらず一定となる．これを2粒子系の**運動量保存則**という．

次に，この2粒子系の全角運動量 $\boldsymbol{L}$ を，各粒子の角運動量の和により

$$\boldsymbol{L} = \boldsymbol{r}_1 \times \boldsymbol{p}_1 + \boldsymbol{r}_2 \times \boldsymbol{p}_2 \tag{8.4}$$

と定義する．7.2節で述べたように，各粒子の角運動量の時間変化率はそれぞれに加わる力のモーメントに等しいことから，全角運動量の時間変化率は

$$\begin{aligned}\dot{\boldsymbol{L}} &= \boldsymbol{r}_1 \times (\boldsymbol{f}_1 + \boldsymbol{f}_{12}) + \boldsymbol{r}_2 \times (\boldsymbol{f}_2 + \boldsymbol{f}_{21}) \\ &= \boldsymbol{r}_1 \times \boldsymbol{f}_1 + \boldsymbol{r}_2 \times \boldsymbol{f}_2 + (\boldsymbol{r}_1 - \boldsymbol{r}_2) \times \boldsymbol{f}_{12}\end{aligned} \tag{8.5}$$

となる．最後の等式で作用反作用の法則 $\boldsymbol{f}_{21} = -\boldsymbol{f}_{12}$ を用いた．また，粒子間にはたらく力は2粒子を結ぶ直線上に作用するので，$\boldsymbol{f}_{12}$ は粒子1の粒子2に対する相対位置ベクトル $\boldsymbol{r}_1 - \boldsymbol{r}_2$ と平行であり，$(\boldsymbol{r}_1 - \boldsymbol{r}_2) \times \boldsymbol{f}_{12} = 0$ となって右辺の内力を含む項が消え，

$$\dot{\boldsymbol{L}} = \boldsymbol{r}_1 \times \boldsymbol{f}_1 + \boldsymbol{r}_2 \times \boldsymbol{f}_2 \tag{8.6}$$

が成り立つ．したがって，系の全角運動量の時間変化率は，系にはたらく外力のモーメントの和に等しい(2粒子系の角運動量方程式)．外力がはたらかないか，外力のモーメントの和が0であれば，系の角運動量は時間によらず一定に保たれる．これを2粒子系の**角運動量保存則**という．

これらの法則は粒子間にはたらく力の性質によらず一般的に成り立っていることに注意しよう．

■ 一様重力と重心

式(8.3)および式(8.6)のように，2粒子系の全運動量や全角運動量の変化は外力および外力のモーメントの和によって表される．これらに対する重力の役割について考えよう．すべての物体に一様な重力がはたらくとして，重力加速度を $\boldsymbol{g}$ とすると，粒子1, 2にはたらく重力の和は

$$m_1\boldsymbol{g} + m_2\boldsymbol{g} = M\boldsymbol{g}, \quad \text{ただし} \quad M \equiv m_1 + m_2, \tag{8.7}$$

重力のモーメントの和は

$$\boldsymbol{r}_1 \times m_1\boldsymbol{g} + \boldsymbol{r}_2 \times m_2\boldsymbol{g} = \boldsymbol{R} \times M\boldsymbol{g}, \quad \text{ただし} \quad \boldsymbol{R} \equiv \frac{m_1\boldsymbol{r}_1 + m_2\boldsymbol{r}_2}{M} \tag{8.8}$$

と表すことができる．このことは，全運動量および全角運動量の時間変化を考えるとき，2 粒子にはたらく重力 $m_1\boldsymbol{g}$ および $m_2\boldsymbol{g}$ が，一点 $\boldsymbol{R}$ にはたらく全重力 $M\boldsymbol{g}$ に置き換え可能であることを意味している．このような全重力の作用点 $\boldsymbol{R}$ のことを 2 粒子系の**重心** (center of gravity) という．

8.2 重心運動と相対運動

前節で述べた力を及ぼし合う 2 粒子の系を，全体として質量 $M = m_1 + m_2$ をもった 1 つの物体と考え，この系の全運動量 (8.2) が

$$\boldsymbol{P} = m_1\dot{\boldsymbol{r}}_1 + m_2\dot{\boldsymbol{r}}_2 = M\dot{\boldsymbol{R}}$$

を満たすような位置 $\boldsymbol{R}$，すなわち

$$\boldsymbol{R} = \frac{m_1\boldsymbol{r}_1 + m_2\boldsymbol{r}_2}{M} \tag{8.9}$$

を，この系を代表する位置として定義する．この $\boldsymbol{R}$ を 2 粒子系の**質量中心** (center of mass) という．質量中心 $\boldsymbol{R}$ は前節の式 (8.8) で定義した一様重力下での重心と一致している．以後，これらの区別の必要がない限り質量中心のことも重心とよぶことにする[1)]．式 (8.3) より，重心 $\boldsymbol{R}$ が従う方程式は

$$M\ddot{\boldsymbol{R}} = \boldsymbol{f}_1 + \boldsymbol{f}_2 \tag{8.10}$$

のように内力を含まない形で表される．この式を**重心の運動方程式**という．

2 粒子系の問題を完全に扱うには，重心のほかにもう一つ独立な位置ベクトルが必要である．この位置ベクトルとして，粒子 2 からみた粒子 1 の**相対位置**

$$\boldsymbol{r} = \boldsymbol{r}_1 - \boldsymbol{r}_2 \tag{8.11}$$

が用いられる．外力がはたらいていないとき，相対位置 $\boldsymbol{r}$ が従う方程式は

$$\ddot{\boldsymbol{r}} = \ddot{\boldsymbol{r}}_1 - \ddot{\boldsymbol{r}}_2 = \frac{1}{m_1}\boldsymbol{f}_{12} - \frac{1}{m_2}\boldsymbol{f}_{21} = \left(\frac{1}{m_1} + \frac{1}{m_2}\right)\boldsymbol{f}_{12} \tag{8.12}$$

と表せる．ここで**換算質量** (reduced mass) μ を

$$\frac{1}{\mu} = \frac{1}{m_1} + \frac{1}{m_2}, \quad \text{すなわち} \quad \mu = \frac{m_1 m_2}{M} \tag{8.13}$$

で定義し，**相対運動量**を

$$\boldsymbol{p} = \mu\dot{\boldsymbol{r}} \tag{8.14}$$

1) 重力の非一様性が問題になる系では質量中心と重心とを区別して扱う必要がある．

で定義すると，

$$\dot{\boldsymbol{p}} = \mu\ddot{\boldsymbol{r}} = \boldsymbol{f}_{12} \tag{8.15}$$

が成り立つ．この式を**相対運動方程式**という．換算質量は，2 粒子間にはたらく力に対する相対運動の慣性を表す質量である．

式 (8.9) と式 (8.11) より各粒子の位置 $\boldsymbol{r}_1$, $\boldsymbol{r}_2$ は，重心 $\boldsymbol{R}$ と相対位置 $\boldsymbol{r}$ を用いて

$$\boldsymbol{r}_1 = \boldsymbol{R} + \frac{\mu}{m_1}\boldsymbol{r}, \quad \boldsymbol{r}_2 = \boldsymbol{R} - \frac{\mu}{m_2}\boldsymbol{r}, \tag{8.16}$$

また，式 (8.2) と式 (8.14) より各粒子の運動量は，重心運動量と相対運動量を用いて

$$\boldsymbol{p}_1 = \frac{m_1}{M}\boldsymbol{P} + \boldsymbol{p}, \quad \boldsymbol{p}_2 = \frac{m_2}{M}\boldsymbol{P} - \boldsymbol{p} \tag{8.17}$$

と表される．これらの関係を用いると，系の全運動エネルギーは

$$\frac{\boldsymbol{p}_1^2}{2m_1} + \frac{\boldsymbol{p}_2^2}{2m_2} = \frac{\boldsymbol{P}^2}{2M} + \frac{\boldsymbol{p}^2}{2\mu}, \tag{8.18}$$

全角運動量 $\boldsymbol{L}$ は

$$\boldsymbol{L} = \boldsymbol{R} \times \boldsymbol{P} + \boldsymbol{r} \times \boldsymbol{p} \tag{8.19}$$

のように，それぞれ重心運動の項と相対運動の項とに分離して表されることがわかる．

問 8.1 式 (8.16), (8.17) を導け．

問 8.2 式 (8.18), (8.19) が成り立つことを確かめよ．

例題 8.1 ばねでつながれた 2 つの物体の直線運動

ばねでつながれた 2 つの物体がなめらかな水平面上に置かれている．一方の物体をたたいてばねを縮める向きの初速度を与えたとき，その後の運動を求めよ．

【解答】 図 8.1 のように運動の方向に x 軸をとり，ばねの自然長を x_0，ばね定数を k，2 つの物体の質量を m_1, m_2，時刻 t での 2 つの物体の位置を $x_1(t)$, $x_2(t)$ とおく．時刻 $t = 0$ での物体の位置を $x_1(0) = 0$, $x_2(0) = x_0$ とし，物体 1 に初速度 v_0 が与えられたとする．時刻 0 での重心の位置は

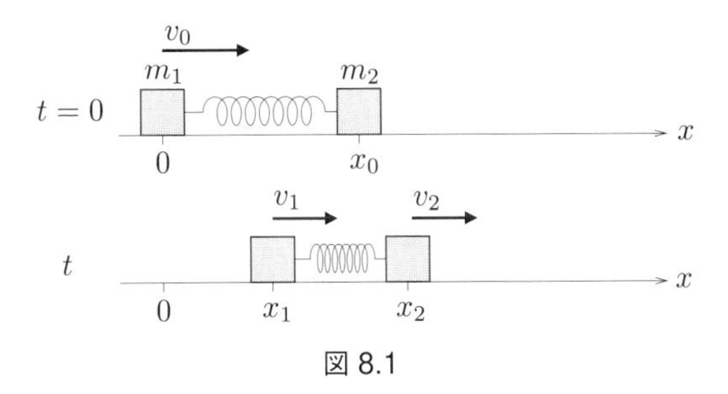

図 8.1

$$R(0) = \frac{m_1x_1(0) + m_2x_2(0)}{M} = \frac{m_2x_0}{M}.$$

運動の間，外力がはたらいていないので重心の速度 V は一定で

$$MV = m_1v_1(0) + m_2v_2(0) = m_1v_0, \quad \therefore\ V = \frac{m_1v_0}{M}$$

であるから，時刻 t での重心の位置は

$$R(t) = R(0) + Vt = \frac{m_2x_0}{M} + \frac{m_1v_0t}{M}.$$

また，ばねの伸びを u とすると，相対運動方程式より

$$\mu\ddot{u} = -ku, \quad \therefore\ \ddot{u} = -\omega^2u, \quad ただし \quad \omega^2 = \frac{k}{\mu}$$

となり，2 つの物体は相対的に角振動数 $\omega = \sqrt{\dfrac{k}{\mu}}$ で単振動する．初期条件 $u(0) = 0,\ \dot{u}(0) = -v_0$ より

$$u(t) = -\frac{v_0}{\omega}\sin(\omega t),$$

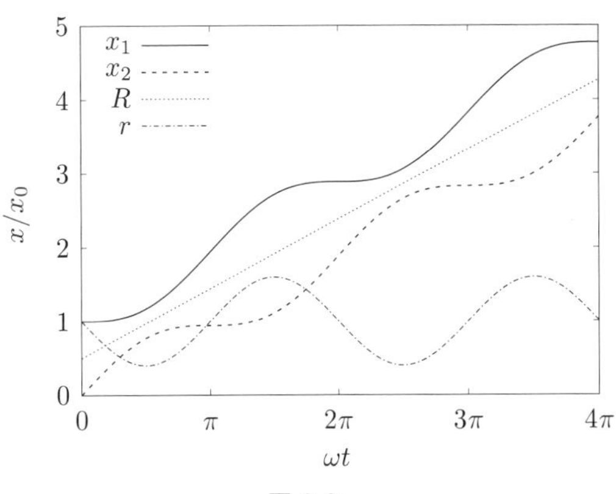

図 8.2

相対位置は $r = x_0 + u$ であるから，式 (8.16) より

$$x_1(t) = R(t) - \frac{m_2}{M}(x_0 + u(t)) = \frac{m_1 v_0 t}{M} + \frac{m_2 v_0}{M\omega}\sin(\omega t),$$

$$x_2(t) = R(t) + \frac{m_1}{M}(x_0 + u(t)) = x_0 + \frac{m_1 v_0 t}{M} - \frac{m_1 v_0}{M\omega}\sin(\omega t).$$

これらの時間変化のグラフは図 8.2 のようになる. □

例題 8.2　棒でつながれた 2 つの物体の平面運動

質量の無視できる棒でつながれた 2 つの小物体が，なめらかな水平面上に置かれている．一方の物体をたたいて棒に垂直な向きの初速度を与えたとき，その後の運動を求めよ．

【解答】 棒の長さを r_0，物体の質量を m_1, m_2，時刻 t における物体の位置を $\boldsymbol{r}_1(t), \boldsymbol{r}_2(t)$ とおく．図 8.3 のように，水平面上に x, y 軸をとり，$t = 0$ での物体の位置を $\boldsymbol{r}_1(0) = (0, 0)$, $\boldsymbol{r}_2(0) = (0, r_0)$ とし，物体 2 に x 軸方向の初速度 $(v_0, 0)$ が与えられたとする．$t = 0$ での重心は

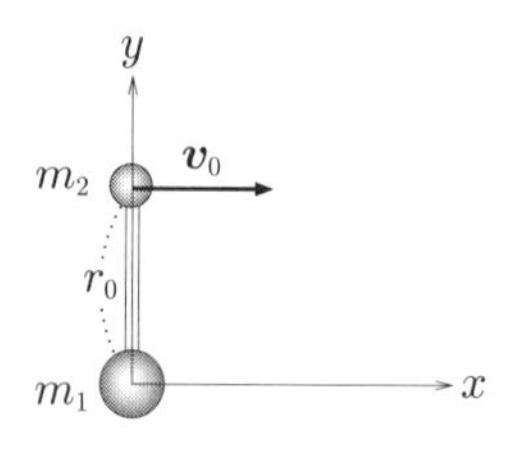

図 8.3

$$\boldsymbol{R}(0) = \frac{m_1 \boldsymbol{r}_1(0) + m_2 \boldsymbol{r}_2(0)}{M} = \left(0, \frac{m_2 r_0}{M}\right),$$

ただし $M = m_1 + m_2$.

運動の間，外力がはたらかないので重心の速度 $\boldsymbol{V}$ は一定で，

$$\boldsymbol{V} = \frac{m_1 \boldsymbol{v}_1(0) + m_2 \boldsymbol{v}_2(0)}{M} = \left(\frac{m_2 v_0}{M}, 0\right)$$

であるから，時刻 t における重心は

$$\boldsymbol{R}(t) = \boldsymbol{R}(0) + \boldsymbol{V}t = \frac{m_2}{M}(v_0 t, r_0).$$

相対運動方程式を極座標 (r, θ) で表すと，$r = r_0$ は一定であり，角度方向の方程式は

$$r_0 \ddot{\theta} = 0.$$

よって角速度の大きさ ω は一定であり，初期条件より $\omega = \dfrac{v_0}{r_0}$，すなわち物体 1 は物体 2 に対して相対的に角速度 ω で時計まわりに半径 r_0 の等速円運動をし，相対位置は

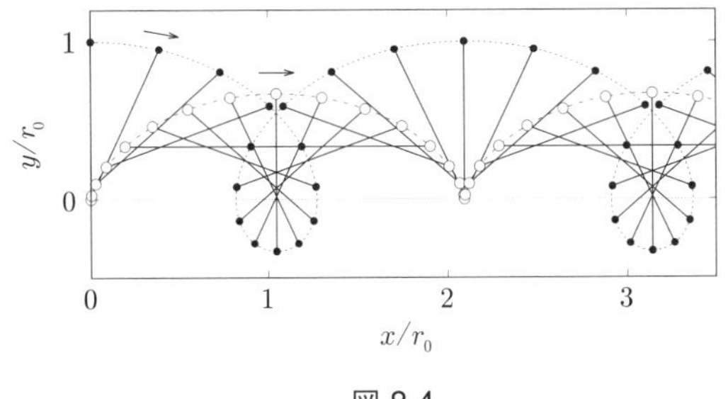

図 8.4

$$\boldsymbol{r} = \boldsymbol{r}_1 - \boldsymbol{r}_2 = -r_0(\sin\omega t, \cos\omega t)$$

と表される．したがって各物体の位置は

$$\boldsymbol{r}_1 = \boldsymbol{R} + \frac{m_2}{M}\boldsymbol{r} = \frac{m_2 r_0}{M}(\omega t - \sin\omega t, 1 - \cos\omega t),$$

$$\boldsymbol{r}_2 = \boldsymbol{R} - \frac{m_1}{M}\boldsymbol{r} = \frac{m_2 r_0}{M}\left(\omega t + \frac{m_1}{m_2}\sin\omega t,\ 1 + \frac{m_1}{m_2}\cos\omega t\right)$$

となり，物体 1 はサイクロイド，物体 2 はトロコイドとよばれる曲線 ($m_1 = m_2$ の場合はサイクロイド) を描く．$m_1 = 2m_2$ の場合の運動の様子を図 8.4 に示す．□

8.3　2 粒子系の力学的エネルギー保存則

2 粒子が及ぼし合う力が，2 粒子の位置の関数 $V_{\rm int}(\boldsymbol{r}_1, \boldsymbol{r}_2)$ を用いて

$$\boldsymbol{f}_{12} = -\boldsymbol{\nabla}_1 V_{\rm int}(\boldsymbol{r}_1, \boldsymbol{r}_2),$$

$$\boldsymbol{f}_{21} = -\boldsymbol{\nabla}_2 V_{\rm int}(\boldsymbol{r}_1, \boldsymbol{r}_2) \tag{8.20}$$

と表されるとき，$V_{\rm int}$ を 2 粒子間の**相互作用ポテンシャル**という．ここで $\boldsymbol{\nabla}_1$, $\boldsymbol{\nabla}_2$ はそれぞれ粒子 1, 2 の位置に関する微分演算子 (ナブラ) を表す．多くの場合，$V_{\rm int}$ は粒子間距離 $r = |\boldsymbol{r}_1 - \boldsymbol{r}_2|$ のみの関数で表される．このとき

$$\boldsymbol{f}_{12} = -\frac{dV_{\rm int}(r)}{dr}\boldsymbol{\nabla}_1 r = -V'_{\rm int}(r)\frac{\boldsymbol{r}_1 - \boldsymbol{r}_2}{r},$$

$$\boldsymbol{f}_{21} = -\frac{dV_{\rm int}(r)}{dr}\boldsymbol{\nabla}_2 r = -V'_{\rm int}(r)\frac{\boldsymbol{r}_2 - \boldsymbol{r}_1}{r}$$

より，$\boldsymbol{f}_{21} = -\boldsymbol{f}_{12}$ が成り立つ．また，これらは 2 粒子の相対位置ベクトル $\boldsymbol{r} = \boldsymbol{r}_1 - \boldsymbol{r}_2$ に平行で，2 粒子を結ぶ直線上にはたらくことから，作用反作用

の法則が成り立つことが確かめられる．簡単のため外力がはたらいていない場合を考えると，各粒子の運動方程式は

$$m_1\ddot{\boldsymbol{r}}_1 = -\boldsymbol{\nabla}_1 V_{\mathrm{int}}(r) = -V'_{\mathrm{int}}(r)\frac{\boldsymbol{r}}{r},$$

$$m_2\ddot{\boldsymbol{r}}_2 = -\boldsymbol{\nabla}_2 V_{\mathrm{int}}(r) = V'_{\mathrm{int}}(r)\frac{\boldsymbol{r}}{r}$$

で与えられる．1 番目の式の両辺と $\dot{\boldsymbol{r}}_1$ の内積，2 番目の式の両辺と $\dot{\boldsymbol{r}}_2$ の内積をとり，辺々加えると，左辺は

$$m_1\ddot{\boldsymbol{r}}_1\cdot\dot{\boldsymbol{r}}_1 + m_2\ddot{\boldsymbol{r}}_2\cdot\dot{\boldsymbol{r}}_2 = \frac{d}{dt}\left(\frac{1}{2}m_1\dot{\boldsymbol{r}}_1^2 + \frac{1}{2}m_2\dot{\boldsymbol{r}}_2^2\right),$$

右辺は

$$\dot{r} = \frac{d}{dt}\sqrt{x^2+y^2+z^2} = \frac{x\dot{x}+y\dot{y}+z\dot{z}}{\sqrt{x^2+y^2+z^2}} = \frac{\boldsymbol{r}\cdot\dot{\boldsymbol{r}}}{r}$$

を用いると

$$-V'_{\mathrm{int}}(r)\frac{\boldsymbol{r}\cdot(\dot{\boldsymbol{r}}_1-\dot{\boldsymbol{r}}_2)}{r} = -V'_{\mathrm{int}}(r)\dot{r} = -\frac{d}{dt}V_{\mathrm{int}}(r)$$

となるので，

$$\frac{d}{dt}\left[\frac{1}{2}m_1\dot{\boldsymbol{r}}_1^2 + \frac{1}{2}m_2\dot{\boldsymbol{r}}_2^2 + V_{\mathrm{int}}(r)\right] = 0,$$

$$\therefore\ \frac{1}{2}m_1\dot{\boldsymbol{r}}_1^2 + \frac{1}{2}m_2\dot{\boldsymbol{r}}_2^2 + V_{\mathrm{int}}(r) = E \quad (\text{時間によらず一定}) \tag{8.21}$$

が成り立つことがわかる．これは 2 粒子系の力学的エネルギー保存則を表しており，相互作用する 2 粒子の力学的エネルギーは各粒子の運動エネルギーと相互作用ポテンシャルの和で与えられる．

2 粒子がごく接近したときのみ力を及ぼし合う衝突の場合には，相互作用ポテンシャルは相対距離がごく小さい領域にのみ値をもち，その領域の外では力学的エネルギーは運動エネルギーのみで与えられる．したがって，衝突前後で運動エネルギーの和が保存される．このような保存力による衝突を**弾性衝突** (elastic collision) という．

例題 8.3 直線上の 2 粒子の弾性衝突

静止している質量 m_1 の粒子 1 に，質量 m_2 の粒子 2 が速度 v_0 で弾性衝突し，粒子 2 は速度 v_0 の向きに跳ね飛ばされた．衝突後の粒子 1, 2 の速度を求めよ．

【解答】 衝突後の粒子 1, 2 の速度をそれぞれ v_1, v_2 とすると，運動量保存則より

$$m_1 v_1 + m_2 v_2 = m_2 v_0.$$

また，衝突前後のエネルギー保存則より

$$\frac{1}{2}m_1 v_1^2 + \frac{1}{2}m_2 v_2^2 = \frac{1}{2}m_2 v_0^2.$$

これらの式より v_1, v_2 を求めると，

$$v_1 = \frac{2m_2}{m_1 + m_2}v_0, \quad v_2 = \frac{m_2 - m_1}{m_1 + m_2}v_0$$

となる．$m_1 = m_2$ であれば粒子 2 は衝突後に静止し，粒子 1 は速度 v_0 で跳ね飛ばされる． □

* * * * *

一般の 2 粒子衝突では，衝突過程で熱などが発生して力学的エネルギーの一部が失われる．運動量保存則より重心の運動エネルギーは衝突前後で変化しないので，失われるのは相対運動エネルギーの一部である．直線上の衝突において，衝突前の 2 粒子の速度を v_1 および v_2，衝突後の速度を v_1' および v_2' とするとき，衝突前後の相対速度の大きさの比

$$e = \frac{|v_1' - v_2'|}{|v_1 - v_2|}$$

を**反発係数**という[2)]．弾性衝突では $e = 1$ で，このとき運動エネルギーは衝突前後で変化しない．$e < 1$ の場合を**非弾性衝突** (inelastic collision) といい，このときは相対運動エネルギーが e^2 倍に減少する．特に $e = 0$ の場合は衝突後の 2 粒子の相対速度が 0，すなわち 2 粒子が合体して一つになるような衝突に対応し，**完全非弾性衝突** (complete inelastic collision) とよばれる．このとき，衝突過程で相対運動エネルギーのすべてが失われる．

---

2) 硬い球の衝突などでは，反発係数の値は相対速度によらず，衝突する 2 粒子の組合せで決まる一定値をもつことが経験的に知られている．これを「**反発の法則**」という．斜め衝突の場合の反発係数は，接触面の法線方向の相対速度比により定義される．

8.4 一般の多粒子系

一般に N 個の粒子からなる系において，粒子に 1 から N まで番号を付け，粒子 i にはたらく外力を $\boldsymbol{f}_i$，粒子 i が粒子 j から受ける力を $\boldsymbol{f}_{ij}$ と書くと，粒子 i についての運動方程式は

$$\dot{\boldsymbol{p}}_i = m_i \ddot{\boldsymbol{r}}_i = \boldsymbol{f}_i + \sum_{j=1}^{N} \boldsymbol{f}_{ij} \tag{8.22}$$

と表される．ただし，粒子が自分自身から力を受けることはないので $\boldsymbol{f}_{ii} = 0$ である．ここで系を質量 M の 1 つの物体と考えると，系の全運動量 $\boldsymbol{P}$ が

$$\boldsymbol{P} = \sum_{i=1}^{N} m_i \dot{\boldsymbol{r}}_i = M\dot{\boldsymbol{R}}, \quad \text{ただし} \quad M = \sum_{i=1}^{N} m_i \tag{8.23}$$

と表されるような点

$$\boldsymbol{R} = \frac{1}{M} \sum_{i=1}^{N} m_i \boldsymbol{r}_i \tag{8.24}$$

を系の代表点とするのが自然である．この $\boldsymbol{R}$ は多粒子系の**質量中心** (重心) を表し，2 粒子系に対する式 (8.9) を N 粒子系に一般化したものになっている．全運動量 $\boldsymbol{P}$ の時間変化率は，式 (8.22) により

$$\dot{\boldsymbol{P}} = \sum_{i=1}^{N} \boldsymbol{f}_i + \sum_{i=1}^{N} \sum_{j=1}^{N} \boldsymbol{f}_{ij}$$

となる．ここで，右辺第 2 項の和は $\{i, j\}$ のすべての異なる順列についてとられ，i と j を入れ替えて和をとっても結果は同じであるので

$$\sum_{i=1}^{N} \sum_{j=1}^{N} \boldsymbol{f}_{ij} = \sum_{i=1}^{N} \sum_{j=1}^{N} \boldsymbol{f}_{ji} = \frac{1}{2} \sum_{i=1}^{N} \sum_{j=1}^{N} (\boldsymbol{f}_{ij} + \boldsymbol{f}_{ji})$$

が成り立ち，作用反作用の法則により右辺は 0 となる．したがって，

$$\dot{\boldsymbol{P}} = \sum_{i=1}^{N} \boldsymbol{f}_i \tag{8.25}$$

が一般に成り立ち，系の運動量の時間変化率は系にはたらく外力の和に等しい．式 (8.25) は N 粒子系の重心の運動方程式を表す．外力がはたらかないか，外力の総和が 0 であれば系の運動量は時間によらず一定に保たれる．これが N 粒子系の運動量保存則である．

系の全角運動量 $\boldsymbol{L}$ は，各粒子の角運動量の総和により

$$\boldsymbol{L} = \sum_{i=1}^{N} \boldsymbol{r}_i \times \boldsymbol{p}_i \tag{8.26}$$

と定義する．この角運動量 $\boldsymbol{L}$ の時間変化率は

$$\dot{\boldsymbol{L}} = \sum_{i=1}^{N} \boldsymbol{r}_i \times \boldsymbol{f}_i + \sum_{i=1}^{N} \sum_{j=1}^{N} \boldsymbol{r}_i \times \boldsymbol{f}_{ij}$$

となるが，右辺第 2 項の和について運動量の場合と同様に考えると

$$\sum_{i=1}^{N} \sum_{j=1}^{N} \boldsymbol{r}_i \times \boldsymbol{f}_{ij} = \frac{1}{2} \sum_{i=1}^{N} \sum_{j=1}^{N} (\boldsymbol{r}_i \times \boldsymbol{f}_{ij} + \boldsymbol{r}_j \times \boldsymbol{f}_{ji}).$$

ここで作用反作用の法則より

$$\boldsymbol{r}_i \times \boldsymbol{f}_{ij} + \boldsymbol{r}_j \times \boldsymbol{f}_{ji} = (\boldsymbol{r}_i - \boldsymbol{r}_j) \times \boldsymbol{f}_{ij}$$

となるが，$\boldsymbol{f}_{ij}$ は粒子 i, j を結ぶ直線上にはたらき，$\boldsymbol{r}_i - \boldsymbol{r}_j$ に平行であるから，この外積は 0 となる．したがって，

$$\dot{\boldsymbol{L}} = \sum_{i} \boldsymbol{r}_i \times \boldsymbol{f}_i \tag{8.27}$$

が一般に成り立ち，系の角運動量の時間変化率は系にはたらく外力のモーメントの総和に等しい．式 (8.27) は N 粒子系の角運動量方程式を表す．系に外力がはたらかないか，外力のモーメントの和が 0 であれば系の角運動量は時間によらず一定に保たれる．これが N 粒子系の角運動量保存則である．

これらの方程式や保存則は内力の性質によらずに成立しており，多粒子系の全体的な挙動を記述するうえで有用である．

多粒子系にはたらく外力のうち，特に重力のもつ性質について詳しくみていこう．重力はすべての粒子に対して同じ向きにはたらき，その総和は

$$\boldsymbol{F}_{\mathrm{G}} = \sum_{i=1}^{N} m_i \boldsymbol{g} = M\boldsymbol{g} \tag{8.28}$$

と，系の全質量 M を用いて表される．重力のモーメントの総和は

$$\boldsymbol{N}_{\mathrm{G}} = \sum_{i=1}^{N} \boldsymbol{r}_i \times (m_i \boldsymbol{g}) = \left(\sum_{i=1}^{N} m_i \boldsymbol{r}_i \right) \times \boldsymbol{g} \tag{8.29}$$

と表される．これは，式 (8.24) の重心 $\boldsymbol{R}$ を用いて

$$\boldsymbol{N}_{\mathrm{G}} = M\boldsymbol{R} \times \boldsymbol{g} = \boldsymbol{R} \times (M\boldsymbol{g}) \tag{8.30}$$

と表され，系の全重力 $M\boldsymbol{g}$ が重心 $\boldsymbol{R}$ 一点に加えられている場合のモーメントに等しいことがわかる．また，重力のポテンシャルは

$$U = -\sum_i m_i \boldsymbol{g} \cdot \boldsymbol{r}_i = -M\boldsymbol{g} \cdot \boldsymbol{R} \tag{8.31}$$

となり，重心 $\boldsymbol{R}$ に全質量 M が集まった質点のポテンシャルに等しい．

したがって，2 粒子系と同様，一般に多粒子系の運動量や角運動量の時間変化を考える際，重力の影響は，系の重心 $\boldsymbol{R}$ 一点に作用する重力 $M\boldsymbol{g}$ により表すことができる．重力のこの性質は第 9, 10 章で剛体のつり合いや運動を記述する際にも利用される．

演習問題 8

8.1 質量 m_1 の粒子 1 が静止している質量 m_2 の粒子 2 に速度 $\boldsymbol{v}_0$ で弾性衝突し，粒子 1 は速度 $\boldsymbol{v}_0$ に対して角度 θ の向きに散乱され，粒子 2 は反対側の角度 φ の向きに跳ね飛ばされた．この衝突過程について以下の設問に答えよ．

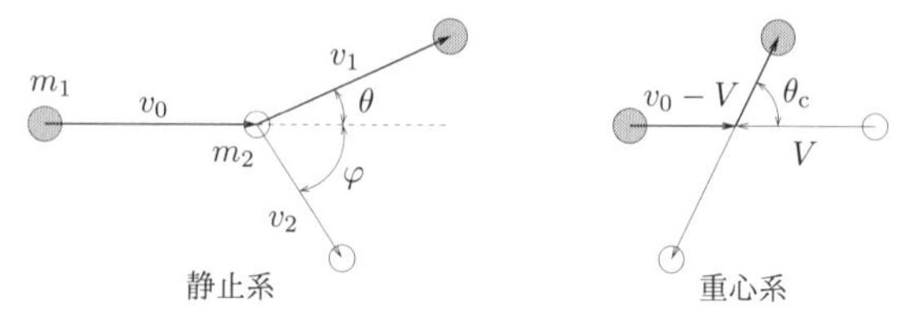

(a) 粒子 1 と粒子 2 の重心の速度 $\boldsymbol{V}$ を求めよ．

(b) 速度 $\boldsymbol{V}$ で運動している基準系 (重心系) では，衝突前後で各粒子の速度の大きさが変化しないことを示せ．

(c) 重心系における散乱角 (各粒子の速度の向きの変化) θ_{c} を用いて，θ, φ をそれぞれ表せ．

(d) $m_1 > m_2$ のとき散乱角 θ に上限値 $\theta_{\max}$ が存在することを示せ．

(e) θ と φ の関係を (θ_{c} を消去することにより) 求めよ．特に，$m_1 = m_2$ のとき $\theta + \varphi = \dfrac{\pi}{2}$，すなわち互いに垂直な向きに飛び去ることを示せ．

8.2 なめらかな水平面上で，自然長 l，ばね定数 k のばねでつながれた質量 m の 2 つの物体 A, B が x 軸に沿って運動する．物体 A, B の位置を $x_{\mathrm{A}}, x_{\mathrm{B}}$ $(x_{\mathrm{A}} < x_{\mathrm{B}})$ とし，各物体はそれぞれ速度 v に比例する空気抵抗 $-Rv$ を受ける．ただし，R は正の定数で $R < \sqrt{mk}$ を満たすとする．

(a) 2 つの物体の重心 X，およびばねの伸び r の時間変化を表す微分方程式を導け．

(b) 2 つの物体が $x_{\mathrm{A}} = 0,\ x_{\mathrm{B}} = l$ に静止している状態で，時刻 $t = 0$ に物体 A をたたいて初速度 v_0 を与えた．$t \geq 0$ での $x_{\mathrm{A}}(t),\ x_{\mathrm{B}}(t)$ を求めよ．

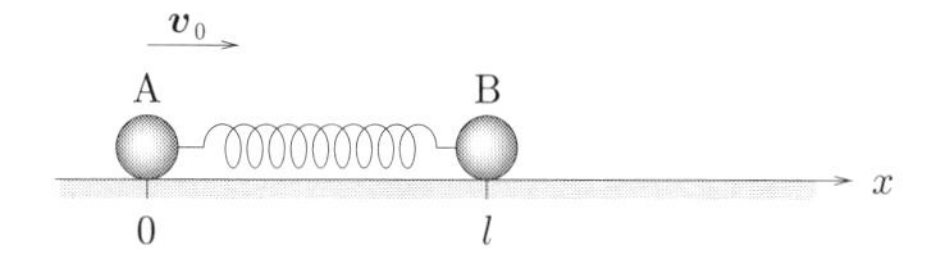

8.3 質量 $m_1,\ m_2$ の天体が重力で引き合って互いに他のまわりを周回している．相対運動が等速円運動であるとき，天体間の距離 D と運動の周期 $T = \dfrac{2\pi}{\omega}$ の関係を導け．

8.4 なめらかな水平面上で，等しい質量 m の 3 つの質点を自然長が l でばね定数が k の 2 本のばねで一直線状につなぎ，この直線上で運動させる．直線に沿って x 軸をとり，3 つの質点の静止位置をそれぞれ $-l,\ 0,\ l$ として，この静止位置からの各質点の変位をそれぞれ $x_1,\ x_2,\ x_3$ とおく．ただし，重心は原点に静止しており，$x_1 + x_2 + x_3 = 0$ が任意の時刻で成り立つとする．

(a) $u_1 = x_3 - x_1,\ u_2 = x_1 - 2x_2 + x_3$ が従う微分方程式を導け．

(b) 3 つの質点が等しい一定の角振動数で振動するような 2 つの独立な解を求めよ．(これらを**固有振動解**という．)

9

剛体の自由度とつり合い・重心と慣性モーメント

ここまでは質点の運動，すなわち物体の重心の並進運動についてのみ考えてきたが，大きさをもった現実の物体の運動においては重心のまわりの回転という新たな運動の要素が付け加わり，力を介して並進運動と回転運動が互いに影響を及ぼし合う．本章ではまず，大きさや形の変化しない理想的な物体である剛体の自由度と一般的な運動方程式を導き，剛体のつり合いの条件について考える．また，次章で剛体の具体的な運動を扱うために必要な，重心や慣性モーメントの計算方法を習得する．

9.1 剛体の自由度と運動方程式

有限の大きさをもつが，その大きさや形の変化が無視できるような理想的な物体を**剛体** (rigid body) という．現実の物体は力を加えると変形するが，物体が十分硬い場合や，物体を変形させようとする作用が十分小さい場合など変形の影響が無視できるときは物体を剛体とみなして扱うことができる．

剛体の配置は，図 9.1 のような剛体に固定された同一直線上にない 3 点 A, B, C の位置により定まる．まず，点 A の位置を定めるために 3 つの座標が必

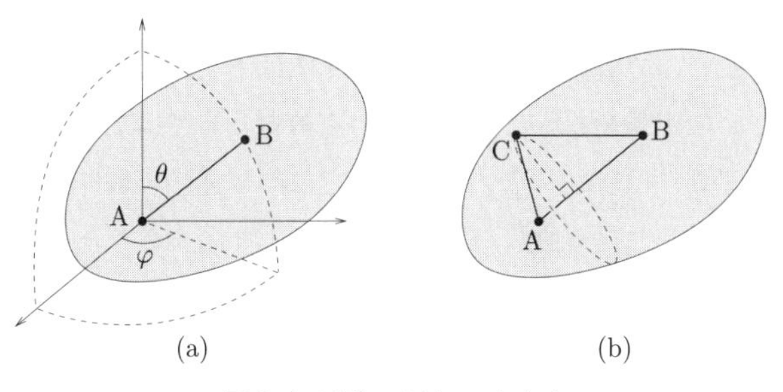

図 9.1 剛体の回転の自由度

要である．これは並進自由度に対応する．点 A の位置が決まると，剛体の残された自由度は点 A のまわりの回転のみである．この自由度により次に，点 B の位置を定めよう．剛体は変形しないので，AB 間の距離は変化しない．したがって，点 B は点 A を中心とする球面上を移動できる．球面上の点を決めるには，緯度と経度のような 2 つの角度［図 9.1(a) の θ, φ など］を指定すればよい．こうして点 A と点 B が決まれば，残る自由度は直線 AB を軸とする回転のみである (図 9.1(b))．この 1 つの回転角を定めることにより点 C の位置が決まり，剛体の配置が確定する．こうして，点 A に 3 つ，点 B に 2 つ，点 C に 1 つ，合計 6 つの座標を決めれば剛体の配置が定まることがわかった．剛体の運動を扱うには，これら 6 つの座標の時間変化を記述する 6 つの独立な方程式が必要である．これらの具体的な表し方を以下に示す．

剛体の運動方程式を導くため，剛体を微小体積要素に分割し，それらを質点と考えて剛体を多粒子系とみなす．いま，剛体の代表点として重心 $\boldsymbol{R}$ を選ぶ．剛体上の点 $\boldsymbol{r}_k$ に外力 $\boldsymbol{f}_k$ が作用しているとき，重心の運動方程式は多粒子系の場合の式 (8.25) と同様に

$$\dot{\boldsymbol{P}} = M\ddot{\boldsymbol{R}} = \sum_k \boldsymbol{f}_k \tag{9.1}$$

と書ける．これは，剛体の並進運動を記述する 3 つの独立な方程式を与える．また，剛体の全角運動量を $\boldsymbol{L}$ とすると，多粒子系の場合の式 (8.27) と同様に角運動量方程式

$$\dot{\boldsymbol{L}} = \sum_k \boldsymbol{r}_k \times \boldsymbol{f}_k \tag{9.2}$$

が成り立つ．これが剛体の回転運動を記述する 3 つの独立な方程式を与える．多粒子系ではこれらのほかに相対運動を考える必要があったが，剛体の場合は変形が起こらないので各微小体積要素間の距離は不変であり，微小体積要素間の内力はお互いの距離を一定に保つための束縛力としてはたらく．したがって内力は剛体の運動には寄与しない．このように，剛体の一般的な運動は，重心の運動方程式 (9.1) と角運動量方程式 (9.2) により記述される．ここで一様重力の下では，8.4 節で学んだように，これらの方程式において，すべての微小部分にはたらく重力は重心 $\boldsymbol{R}$ 一点にはたらく全重力 $M\boldsymbol{g}$ で置き換えることができる．

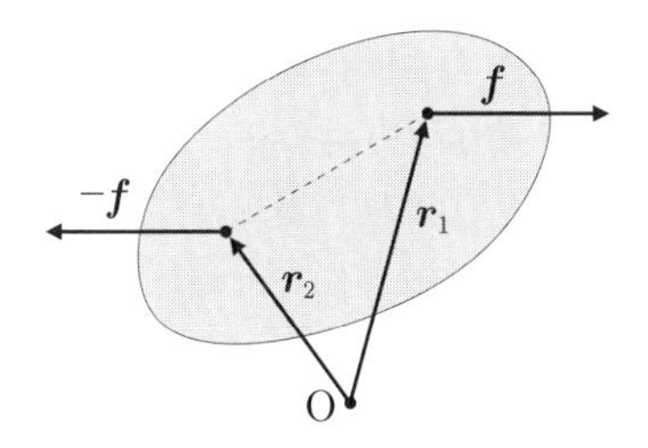

図 9.2　剛体にはたらく偶力

図 9.2 のように，剛体の 2 点 $\boldsymbol{r}_1$, $\boldsymbol{r}_2$ に大きさが等しく逆向きの外力 $\pm\boldsymbol{f}$ がはたらくとき，力の和は 0 であるから重心の速度は一定である．しかし，2 つの力の作用線が一致していなければ，

$$\dot{\boldsymbol{L}} = \boldsymbol{r}_1 \times \boldsymbol{f} + \boldsymbol{r}_2 \times (-\boldsymbol{f}) = (\boldsymbol{r}_1 - \boldsymbol{r}_2) \times \boldsymbol{f} \tag{9.3}$$

のように力のモーメントがあるため剛体の回転を変化させる作用をもつ．このような力の対を**偶力** [couple (of force)] といい，偶力のモーメントは $(\boldsymbol{r}_1 - \boldsymbol{r}_2) \times \boldsymbol{f}$ で表される．

9.2　剛体のつり合い

剛体が静止しているとき，この剛体の運動量および角運動量は 0 で一定であるから，この剛体に作用する外力のあいだには力のつり合い

$$\sum_k \boldsymbol{f}_k = 0, \tag{9.4}$$

および，力のモーメントのつり合い

$$\sum_k \boldsymbol{r}_k \times \boldsymbol{f}_k = 0 \tag{9.5}$$

の条件が成り立っている必要がある．ここで，力のつり合いが成り立っている条件の下では，力のモーメントのつり合いは任意の点のまわりで考えてよい．例えば，点 $\boldsymbol{r}_\mathrm{c}$ のまわりの外力のモーメントの和は

$$\boldsymbol{N}_\mathrm{c} = \sum_k (\boldsymbol{r}_k - \boldsymbol{r}_\mathrm{c}) \times \boldsymbol{f}_k = \sum_k \boldsymbol{r}_k \times \boldsymbol{f}_k - \boldsymbol{r}_\mathrm{c} \times \left(\sum_k \boldsymbol{f}_k \right) \tag{9.6}$$

となり，式 (9.4), (9.5) が成り立っていれば，$\boldsymbol{r}_\mathrm{c}$ とは無関係に $\boldsymbol{N}_\mathrm{c} = 0$ が成り立つ．

例題 9.1　糸で壁面に支えられた剛体板

質量 M，長さ l の一様な剛体板の端を壁から糸で吊り，もう一方の端を壁で垂直に支える．剛体板と壁の間の静止摩擦係数を μ_0 とするとき，板がずり落ちないための糸の角度の条件を求めよ．

【解答】 板にはたらく力は，重力 Mg，壁からの垂直抗力 N および摩擦力 F，糸の張力 T である．糸と板面のなす角を θ とすると，水平方向および鉛直方向の力のつり合いにより

$$N = T\cos\theta, \quad Mg = F + T\sin\theta \tag{9.7}$$

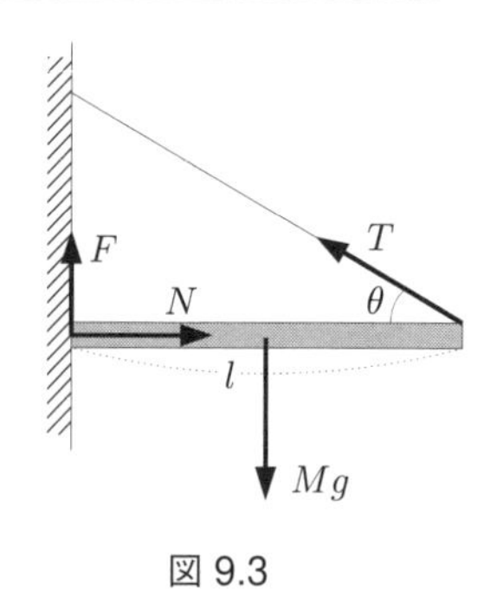

図 9.3

が成り立つ．次に，力のモーメントのつり合いについて考える．紙面上の点を基準点に選ぶと，力の作用点の位置ベクトル $\boldsymbol{r}_k$ と力のベクトル $\boldsymbol{F}_k$ は紙面内のベクトルであるから，力のモーメント $\boldsymbol{N}_k = \boldsymbol{r}_k \times \boldsymbol{F}_k$ は紙面に垂直なベクトルとなる．よって，$\boldsymbol{r}_k$ と $\boldsymbol{F}_k$ のなす角を θ_k とすると，力のモーメントの大きさは $N_k = r_k F_k \sin\theta_k$ で与えられる．板と壁との接点を基準点として，その点のまわりの力のモーメントのつり合いを考えよう．紙面奥から手前に向かう (板を反時計まわりに回転させようとする) 力のモーメントを正にとると，糸の張力のモーメントは $lT\sin\theta$，重力のモーメントは $-\dfrac{l}{2}Mg$ であるから，それらのつり合いの条件は

$$lT\sin\theta - \frac{l}{2}Mg = 0 \tag{9.8}$$

と表される．こうして 3 つの未知数 N, F, T に対する 3 つの独立な方程式が得られた．この連立方程式を解いて

$$T = \frac{Mg}{2\sin\theta}, \quad F = \frac{1}{2}Mg, \quad N = \frac{Mg}{2\tan\theta} \tag{9.9}$$

が得られる．板がずり落ちないためには，F が最大静止摩擦力 $\mu_0 N$ 以下でなければならないので，求める角度の条件は

$$\frac{1}{2}Mg \leq \frac{\mu_0 Mg}{2\tan\theta}, \quad \therefore \ \tan\theta \leq \mu_0 \tag{9.10}$$

となる．　□

例題 9.2　直方体が転がる条件

図 9.4 のように，水平な床面上に正方形 ABCD を断面とする一様な直方体の物体が置かれている．物体と床面の間の静止摩擦係数を μ_0 とする．B の位置に糸を付け，水平から測った角度 θ の向きに引くとき，物体が床面をすべらずに，A を軸として回転するための θ の条件を求めよ．

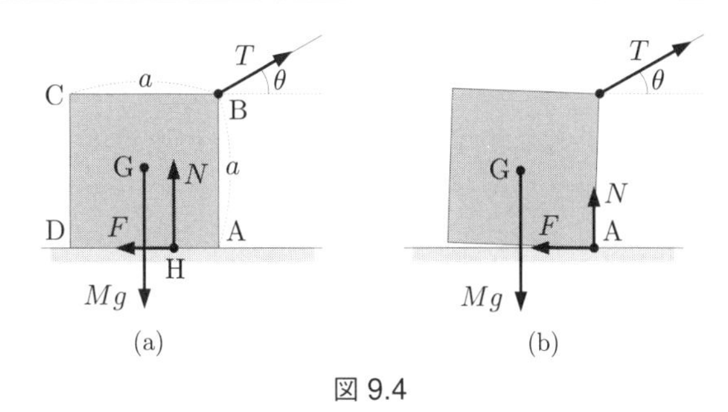

図 9.4

【解答】 物体の質量を M とし，糸の張力が T のとき物体が床面から受ける垂直抗力を N，摩擦力を F とすると，水平方向および鉛直方向の力のつり合いより

$$F = T\cos\theta, \tag{9.11}$$

$$N = Mg - T\sin\theta. \tag{9.12}$$

糸に力を加えないときは物体の底面は床から均等に垂直抗力を受けており，その作用点の中心は重心の真下にあるが，糸に力を加えていくと底面にはたらく垂直抗力の強さの分布が変化し，図 9.4 (a) のように作用点の中心が A のほうへ近づいていく．(作用点の中心の位置は力のモーメントのつり合いから知ることができる.) いま，すべらない条件が満足されていると仮定し，物体が A を中心として転がり始める瞬間を考えよう．このとき，図 9.4 (b) のように，床からの垂直抗力は A に作用しており，A のまわりの力のモーメントのつり合いの式より

$$\frac{a}{2}Mg - aT\cos\theta = 0, \quad \therefore\ T = \frac{Mg}{2\cos\theta} \tag{9.13}$$

が得られる．したがって，式 (9.11), (9.12) より

$$F = \frac{1}{2}Mg, \quad N = \left(1 - \frac{\tan\theta}{2}\right)Mg \tag{9.14}$$

となる．このときの摩擦力 F が最大静止摩擦力 $\mu_0 N$ 以下でなければならないので，求める角度 θ の条件は

$$\frac{1}{2}Mg \leq \mu_0\left(1-\frac{\tan\theta}{2}\right)Mg, \quad \therefore\ \tan\theta \leq 2-\frac{1}{\mu_0} \tag{9.15}$$

である．□

9.3 剛体の重心

一様な直方体や円柱，球など対称性のよい剛体では重心の位置を容易に特定できるが，そのような対称性がない場合にはどのようにして重心の位置を求めたらよいだろうか．ここでは一般の形状をもつ剛体の重心の計算方法について考える．

質量 M の剛体を微小要素に分割して番号付けし，要素 i の位置を $\boldsymbol{r}_i$，質量を ΔM_i，体積を ΔV_i とする．多粒子系と同様に重心座標 $\boldsymbol{R}$ は

$$\boldsymbol{R} = \frac{1}{M}\sum_i \boldsymbol{r}_i \Delta M_i \tag{9.16}$$

により与えられる (☞ 8.4 節)．剛体の**密度** (単位体積あたりの質量) を位置 $\boldsymbol{r}$ の関数 $\rho(\boldsymbol{r})$ で表すと，要素 i の質量は $\Delta M_i = \rho(\boldsymbol{r}_i)\Delta V_i$ であり，重心座標は

$$\boldsymbol{R} = \frac{1}{M}\sum_i \rho(\boldsymbol{r}_i)\boldsymbol{r}_i \Delta V_i = \frac{1}{M}\int \rho(\boldsymbol{r})\boldsymbol{r}\,dV \tag{9.17}$$

のような体積積分により計算することができる．特に，一様な密度 $\rho(\boldsymbol{r}) = \rho_0$ をもつ体積 V の剛体では，$M = \rho_0 V$ より

$$\boldsymbol{R} = \frac{1}{V}\sum \boldsymbol{r}_i \Delta V_i = \frac{1}{V}\int \boldsymbol{r}\,dV \tag{9.18}$$

となることがわかる．以下では密度の一様な剛体に話を限る．

式 (9.18) の体積積分の具体的な計算方法であるが，まず重心の x 座標を求めるには，図 9.5 のように剛体を x 軸に垂直な厚さ Δx の薄い板状の領域に分割する．これらの領域に番号を付け，領域 i の x 座標を x_i，平面 $x = x_i$ での剛体の断面積を $S(x_i)$ とすると，領域 i の体積は $S(x_i)\Delta x$ であるから，この部分の積分への寄与 ΔX_i は

$$\Delta X_i = \frac{1}{V}x_i S(x_i)\Delta x$$

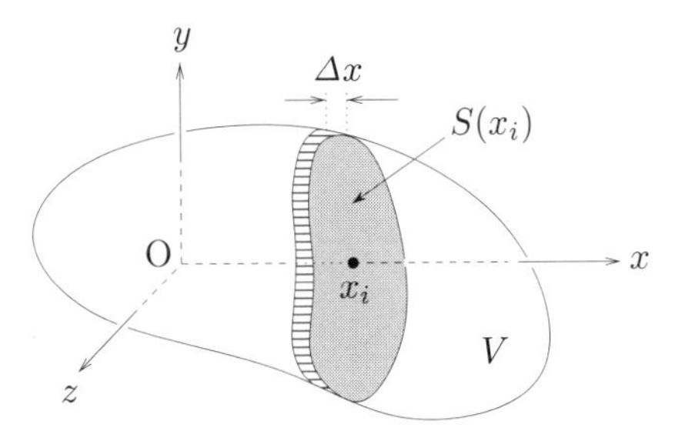

図 9.5 剛体の重心の計算

と書ける．これをすべての板状領域について足し合わせることにより，重心の x 座標 X が

$$X = \sum_i \Delta X_i = \frac{1}{V}\sum_i x_i S(x_i)\Delta x = \frac{1}{V}\int x S(x)\,dx \tag{9.19}$$

のように，x についての 1 次元積分により求められる．y, z 座標についても同様である．

例題 9.3 一様な円錐の重心

高さ h の一様な円錐の重心の位置を求めよ．

【解答】 図 9.6 のように，円錐の頂点を原点 O とし，対称軸に沿って z 軸をとる．対称性から重心の x, y 座標は 0 である．底面の半径を a とし，円錐を z 軸に垂直な薄い板状にスライスすると，z 座標の範囲が $(z, z+dz)$ の部分は半径 $\dfrac{az}{h}$，厚さ dz の円板であるから，その体積 dV は

$$dV = \pi\left(\frac{az}{h}\right)^2 dz = \frac{\pi a^2 z^2}{h^2}\,dz$$

となる．円錐の体積は $V = \dfrac{1}{3}\pi a^2 h$ であるから，重心の z 座標は

$$Z = \frac{1}{V}\int z\,dV = \frac{1}{\frac{1}{3}\pi a^2 h}\int_0^h \frac{\pi a^2 z^3}{h^2}\,dz$$
$$= \frac{3}{4}h$$

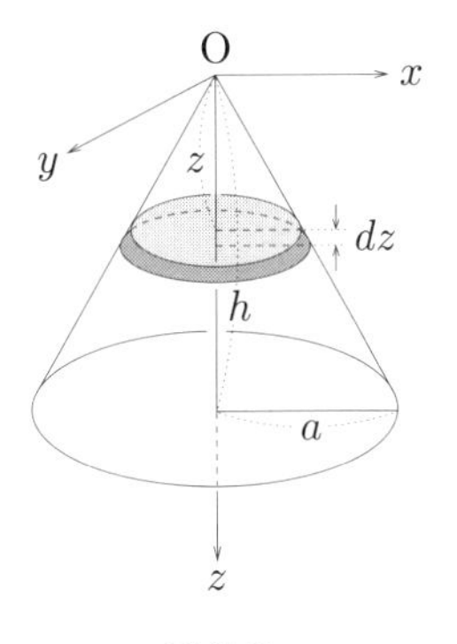

図 9.6

と求められる．よって，高さ h の円錐の重心は，対称軸上で頂点から距離 $\dfrac{3}{4}h$，すなわち，底面の中心から高さ $\dfrac{1}{4}h$ の位置にある． □

9.4 回転運動と慣性モーメント

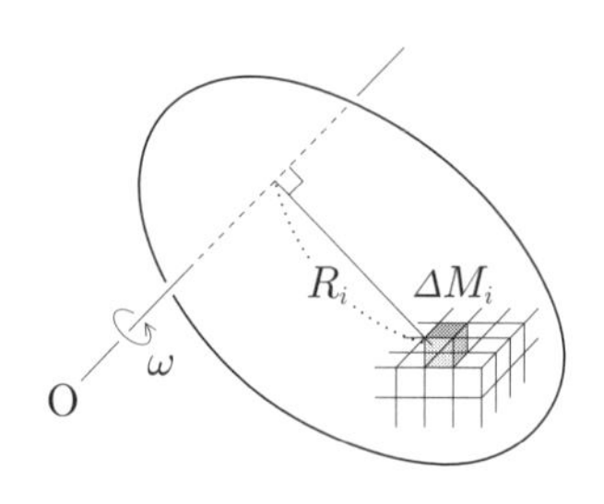

図 9.7 軸 O のまわりの剛体の回転

剛体の質点との違いは回転の自由度である．剛体の回転においては，剛体中の各点は，ある回転軸 O のまわりを共通の角速度で回転する．いま，図 9.7 のように剛体を微小体積要素に分割して番号を付け，要素 i の質量を ΔM_i，軸 O からの距離を R_i とする．剛体が軸 O を回転軸として角速度 ω で回転しているとき，この微小要素は軸 O を中心に半径 R_i の円に沿って速さ $v_i = R_i\omega$ で円運動をしており，その回転軸方向の角運動量は

$$l_i = R_i \Delta M_i\, v_i = R_i^2 \Delta M_i\, \omega$$

である．したがって，この剛体の全角運動量 L は角速度 ω に比例し，

$$L = \sum_i l_i = \left(\sum_i R_i^2 \Delta M_i \right) \omega = I\omega \tag{9.20}$$

と表される．ここで比例定数

$$I = \sum_i R_i^2 \Delta M_i \tag{9.21}$$

は回転軸とそのまわりの質量分布から決まる剛体固有の定数で，この回転軸に関する**慣性モーメント** (moment of inertia) という．これは式 (7.13) に現れた質点の慣性モーメントを，剛体の各微小要素について足し合わせたものに対応する．

この回転にともなう剛体の各微小要素の運動エネルギーの和 E_{rot} は

$$\begin{aligned} E_{\mathrm{rot}} &= \sum_i \frac{1}{2} m_i (R_i \omega)^2 = \frac{1}{2} \left(\sum_i m_i R_i^2 \right) \omega^2 \\ &= \frac{1}{2} I \omega^2 = \frac{L^2}{2I} \end{aligned} \tag{9.22}$$

で与えられ，これを剛体の**回転エネルギー**という．このように，剛体の角運動量や回転エネルギーは慣性モーメント I を用いて表すことができ，慣性モーメントが剛体の回転運動を記述するうえで重要な量であることがわかる．次節では，慣性モーメントの一般的な性質と，その計算方法についてみていこう．

9.5　慣性モーメントとその性質

9.5.1　慣性モーメントの計算

まず最初に，一般の剛体の慣性モーメントを計算するための基本的な考え方について述べる．前節と同様に，剛体を微小体積要素に分割して番号付けし，要素 i の位置を $\boldsymbol{r}_i$，回転軸からの距離を $R_i = R(\boldsymbol{r}_i)$，体積を ΔV_i とする．位置 $\boldsymbol{r}$ における剛体の密度を $\rho(\boldsymbol{r})$ とすると，要素 i の質量は

$$\Delta M_i = \rho(\boldsymbol{r}_i)\Delta V_i$$

であるから，この要素の慣性モーメントに対する寄与 ΔI_i は

$$\Delta I_i = R_i^2 \Delta M_i = \rho(\boldsymbol{r}_i)R^2(\boldsymbol{r}_i)\Delta V_i,$$

よって，この剛体の慣性モーメント I は

$$I = \sum_i \Delta I_i = \int \rho(\boldsymbol{r})R^2(\boldsymbol{r})\,dV \tag{9.23}$$

のような体積積分になる．一様な密度 ρ_0 をもつ質量 M，体積 V の剛体では

$$\rho(\boldsymbol{r}) = \rho_0 \equiv \frac{M}{V}$$

であるから

$$I = \rho_0 \int R^2(\boldsymbol{r})\,dV \tag{9.24}$$

を計算すればよい．ここで，図 9.8 のように，回転軸を中心軸とする断面の半径が R の円筒で剛体を切断したときの切断面の面積を $S(R)$ とすると，回転軸からの距離の範囲が $(R, R+dR)$ の薄いパイプ状部分の体積 dV は

$$dV = S(R)\,dR$$

と書ける．したがって，式 (9.24) の体積積分は

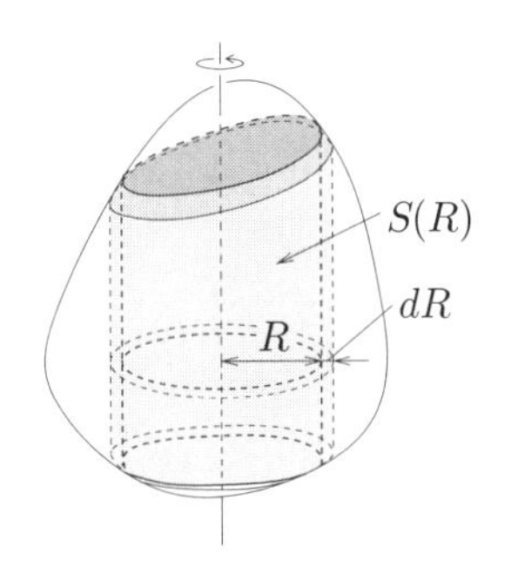

図 9.8　一様な剛体の慣性モーメントの計算

$$I = \rho_0 \int R^2 S(R)\, dR \tag{9.25}$$

のように，回転軸からの距離 R についての積分により求められる．

以下では，一様な密度の剛体について，いくつかの基本的な形状の場合の慣性モーメントの具体的な計算方法をみていこう．

例題 9.4　一様な長方形の薄板

質量 M，長さ l の一様な薄い長方形剛体板を考える．この板を長さ方向に 2 等分する回転軸に関する慣性モーメントを求めよ．

【解答】 図 9.9 のように，重心を原点 O として板の長さ方向に x 軸をとる．回転軸からの距離の範囲が $(x, x + dx)$ の細い短冊状領域は，回転軸からの距離が $|x|$ で質量が $dM = M\dfrac{dx}{l}$ であるから，この部分の慣性モーメントへの寄与 dI は

$$dI = x^2\, dM = \frac{M}{l} x^2\, dx \tag{9.26}$$

である．よって，板全体の慣性モーメントは (9.26) を区間 $-\dfrac{l}{2} \leq x \leq \dfrac{l}{2}$ で積分することにより

$$I = \frac{M}{l} \int_{-l/2}^{l/2} x^2\, dx = \frac{1}{12} Ml^2 \tag{9.27}$$

と求められる．□

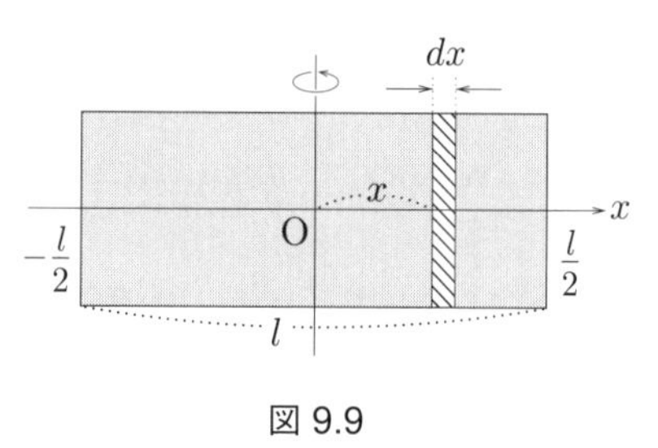

図 9.9

この表式は板の幅によらないので，幅を小さくする極限において，長さ l の細い剛体棒の中心をとおり，棒に垂直な軸に関する慣性モーメントも同じ式 (9.27) で与えられる．

例題 9.5　一様な円柱

質量 M，断面の半径 a の一様な剛体円柱の，回転対称軸に関する慣性モーメントを求めよ．

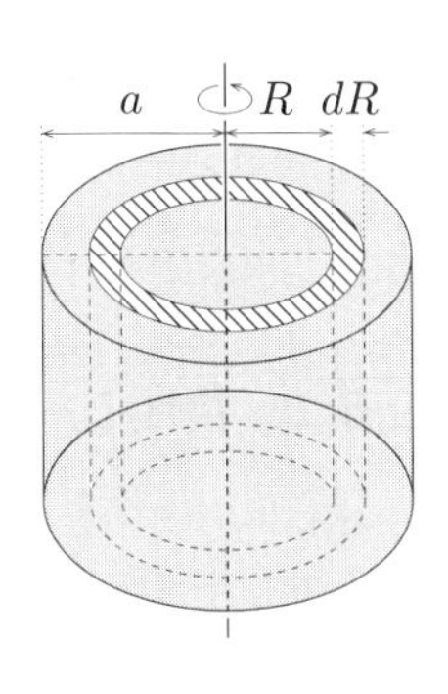

図 9.10

【解答】 図 9.10 に示した，対称軸からの距離の範囲が $(R, R+dR)$ の円筒領域の質量 dM は

$$dM = M\frac{2\pi R\,dR}{\pi a^2} = \frac{2M}{a^2}R\,dR$$

であるから，この部分の慣性モーメントへの寄与 dI は

$$dI = R^2\,dM = \frac{2M}{a^2}R^3\,dR \tag{9.28}$$

と表される．よって，円柱全体の慣性モーメントは，式 (9.28) を区間 $0 \le R \le a$ で積分することにより

$$I = \frac{2M}{a^2}\int_0^a R^3\,dR = \frac{1}{2}Ma^2 \tag{9.29}$$

と求められる． □

この表式は円柱の高さによらないので，高さを小さくする極限において，半径 a の薄い剛体円板の，中心をとおり，板に垂直な軸に関する慣性モーメントも同じ式 (9.29) で与えられる．またこの式は，次の例のように，回転体の対称軸まわりの慣性モーメントを計算する際に利用できる．

例題 9.6 一様な剛体球

質量 M，半径 a の一様な剛体球の，中心をとおる軸のまわりの慣性モーメントを求めよ．

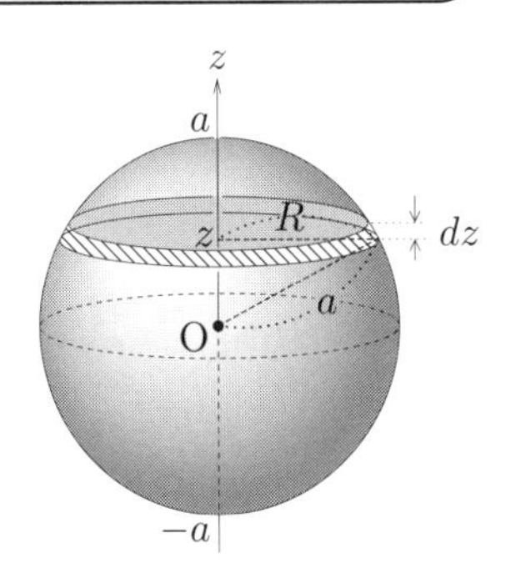

図 9.11

【解答】 球の中心を原点として z 軸まわりの慣性モーメントを考える．図 9.11 に示した範囲 $(z, z+dz)$ の薄い円板領域は，半径 $R = \sqrt{a^2 - z^2}$ で，質量は

$$dM = M\frac{\pi R^2\,dz}{4\pi a^3/3} = \frac{3M}{4a^3}(a^2 - z^2)\,dz$$

であり，この部分の慣性モーメントへの寄与 dI は式 (9.29) より，

$$dI = \frac{1}{2}R^2\,dM = \frac{3M}{8a^3}(a^2 - z^2)^2\,dz$$

となる．これを区間 $-a \le z \le a$ で積分することにより，剛体球全体の慣性モーメント I は

$$I = \frac{3M}{8a^3} \int_{-a}^{a} (a^2 - z^2)^2 \, dz = \frac{2}{5} Ma^2 \tag{9.30}$$

と求められる. □

9.5.2　慣性モーメントに関する定理

ここで, 慣性モーメントを求める際に有用な 2 つの定理——垂直軸の定理と平行軸の定理——を導き, それらのいくつかの応用例を示す.

■ 垂直軸の定理

薄い平板状の剛体では, 一般に板に垂直な軸に関する慣性モーメントは, 板面上でその軸に直交する互いに垂直な 2 つの軸に関する慣性モーメントの和に等しい. 図 9.12 のように, 剛体板上の点 O をとおり板に垂直方向に z 軸, 板面上に x, y 軸をとり, x, y および z 軸に関する剛体板の慣性モーメントをそれぞれ I_x, I_y および I_z とすると, 一般に

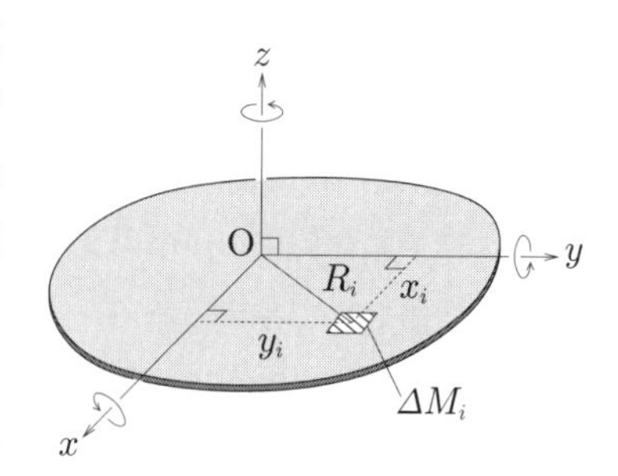

図 9.12

$$I_z = I_x + I_y \tag{9.31}$$

が成り立つ. これを**垂直軸の定理** (平板の定理) という.

【証明】 剛体板を微小面積要素に分割して番号付けし, 要素 i の位置を (x_i, y_i), 質量を ΔM_i とすると, x 軸および y 軸に関する慣性モーメントはそれぞれ

$$I_x = \sum_i y_i^2 \Delta M_i, \quad I_y = \sum_i x_i^2 \Delta M_i$$

と表される. 要素 i の z 軸からの距離が $R_i = \sqrt{x_i^2 + y_i^2}$ であることに注意して, z 軸に関する慣性モーメントを表すと

$$\begin{aligned} I_z &= \sum_i R_i^2 \Delta M_i \\ &= \sum_i (x_i^2 + y_i^2) \Delta M_i = I_y + I_x \end{aligned}$$

となり，関係式 (9.31) が成り立つことがわかる．□

例題 9.7　円板，直径まわり

質量 M，半径 a の一様な剛体円板の直径まわりの慣性モーメントを求めよ．

【解答】 円板の中心を原点として，板面に垂直に z 軸，板面上に x, y 軸をとる．z 軸に関する慣性モーメント I_z は式 (9.29) より

$$I_z = \frac{1}{2}Ma^2$$

である．対称性より x 軸に関する慣性モーメント I_x と y 軸に関する慣性モーメント I_y とは等しく，これらを $I_x = I_y = I_\perp$ とおくと，垂直軸の定理より

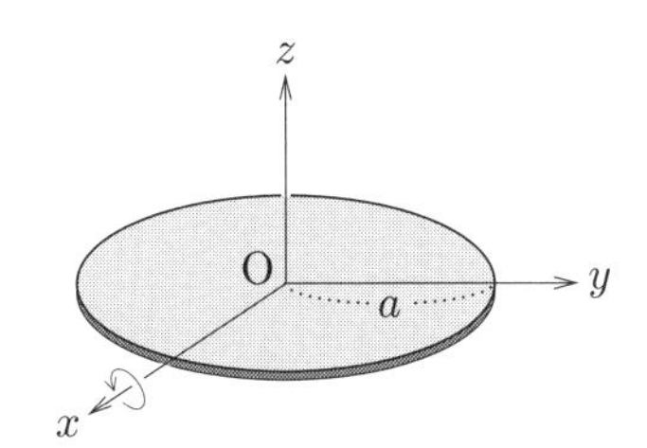

図 9.13

$$I_z = I_x + I_y = 2I_\perp \tag{9.32}$$

が成り立つ．よって求める慣性モーメントは

$$I_\perp = \frac{1}{2}I_z = \frac{1}{4}Ma^2 \tag{9.33}$$

である．□

■ 平行軸の定理

質量 M の剛体の，ある軸に関する慣性モーメント I は，この軸に平行で剛体の重心 G をとおる軸に関する慣性モーメント I_{G} とそれらの軸の間の距離 d を用いて一般に

$$I = I_{\mathrm{G}} + Md^2 \tag{9.34}$$

と表せる．これを**平行軸の定理**という．

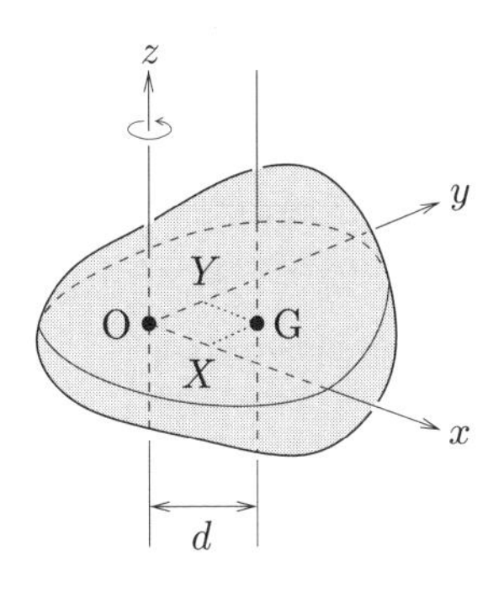

図 9.14

【証明】 図 9.14 のように軸上に原点 O をとり，軸に沿って z 軸をとる．剛体を微小体積要素に分割して番号付けし，要素 i の位置を (x_i, y_i, z_i)，質量を ΔM_i とすると，z 軸に関する慣性モーメントは

$$I = \sum_i (x_i^2 + y_i^2)\Delta M_i$$

と表される．また，剛体の重心の x 座標および y 座標は，それぞれ

$$X = \frac{1}{M}\sum_i x_i \Delta M_i, \quad Y = \frac{1}{M}\sum_i y_i \Delta M_i$$

であるから，重心 G をとおり z 軸に平行な軸に関する慣性モーメントは

$$\begin{aligned} I_{\rm G} &= \sum_i \{(x_i - X)^2 + (y_i - Y)^2\}\Delta M_i \\ &= \sum_i (x_i^2 + y_i^2)\Delta M_i \\ &\quad - 2X\underbrace{\sum_i x_i \Delta M_i}_{=MX} - 2Y\underbrace{\sum_i y_i \Delta M_i}_{=MY} + (X^2 + Y^2)\underbrace{\sum_i \Delta M_i}_{=M} \\ &= I - M(X^2 + Y^2) = I - Md^2 \end{aligned}$$

となり，式 (9.34) が一般に成り立つことが示された．　□

このことから，重心をとおる軸に関する慣性モーメントは，その軸に平行などの軸に関する慣性モーメントよりも小さいことがわかる．

例題 9.8　一様な円柱，対称軸に垂直な軸まわり

質量 M，断面の半径 a，長さ l の一様な剛体円柱の，重心をとおり対称軸に垂直な軸に関する慣性モーメントを求めよ．

【解答】 図 9.15 のように，円柱の重心を原点 O として，対称軸に沿って z 軸，これに垂直に x 軸をとり，x 軸に関する慣性モーメントを求める．図 9.15 に示した範囲 $(z, z + dz)$ の z 軸に垂直な薄い円板部分の質量は

$$dM = M\frac{dz}{l}$$

であるから，この円板の直径 (x' 軸) に関する慣性モーメントは

$$dI'_x = \frac{1}{4}a^2\,dM = \frac{Ma^2}{4l}\,dz$$

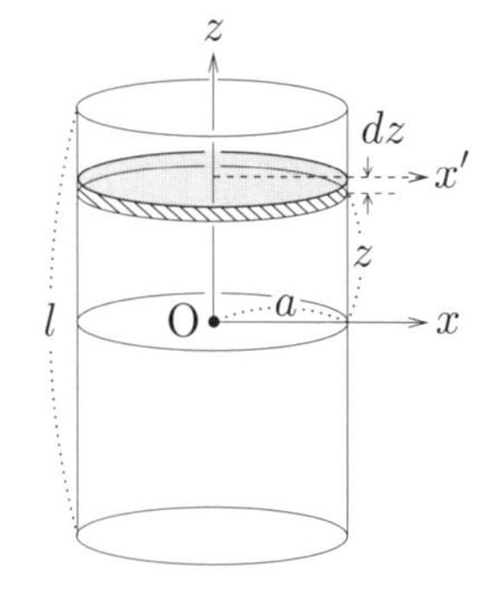

図 9.15

となる．平行軸の定理より，x 軸に関する慣性モーメントは

$$dI_x = dI'_x + z^2\,dM = \frac{M}{l}\left(\frac{a^2}{4} + z^2\right)dz$$

となるので，これを区間 $-\dfrac{l}{2} \le z \le \dfrac{l}{2}$ で積分することにより，円柱全体の慣性モーメントは，

$$I_x = \frac{M}{l}\int_{-l/2}^{l/2}\left(\frac{a^2}{4} + z^2\right)dz = M\left(\frac{a^2}{4} + \frac{l^2}{12}\right) \tag{9.35}$$

と求められる． □

この慣性モーメントは，$a \to 0$ のとき $I_x \to \dfrac{1}{12}Ml^2$，また $l \to 0$ のとき $I_x \to \dfrac{1}{4}Ma^2$ で，それぞれ剛体棒の慣性モーメント (9.27)，剛体円板の直径に関する慣性モーメント (9.33) に一致する．

演習問題 9

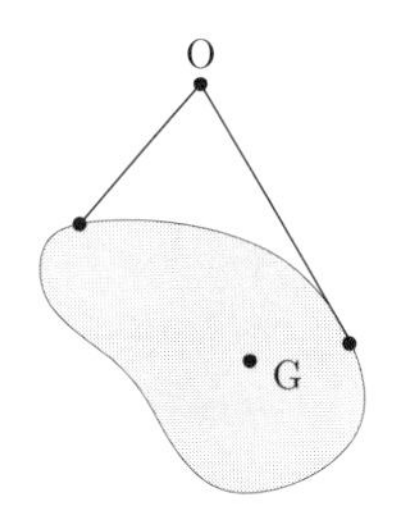

9.1 剛体に 2 本の糸をつけ，点 O から吊して静止させると，剛体の重心 G はかならず点 O の真下にくることを示せ．

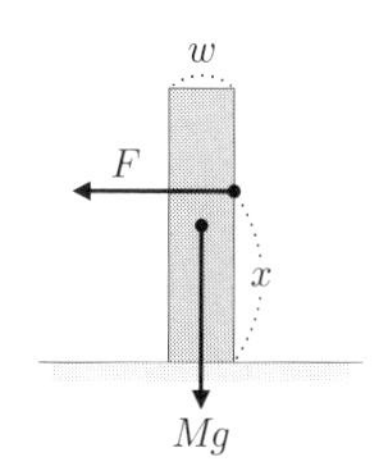

9.2 質量 M，幅 w の一様な直方体の剛体板を水平な床の上に立てる．板と床面の間の静止摩擦係数は μ_0 である．床からの高さ x の位置に板に垂直な力を加えていくとき，板が倒れずに床の上をすべり始めるような x の最大値 x_{c} を求めよ．(板の高さは x_{c} より高いとする．) また，$x > x_{\mathrm{c}}$ の位置に力を加えたとき，板が傾き始める力の強さ F を求めよ．

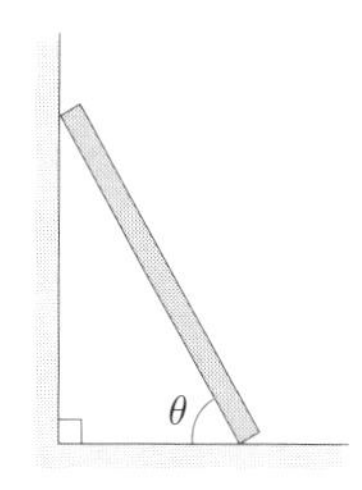

9.3 水平な床面上で，長方形の一様な剛体板を鉛直でなめらかな壁に立てかける．板と床面のなす角度を θ とする．板の下端と床面の間の静止摩擦係数を μ_0 として，板がすべって倒れないような θ の条件を求めよ．また，θ をある角度より大きくすれば，板の上端に鉛直下向きにいくら力を加えても板が倒れないことを示せ．

9.4 質量 M で半径 a の一様な半球剛体を，球面が下になるように床面上に置く．

(a) 底面の中心 O から重心 G までの距離 h を求めよ．

(b) この剛体を水平から角度 α 傾いた粗い斜面上で静止させたとき，底面の法線は鉛直方向からどれだけ傾くか．[下図 (b)]

(c) この剛体の底面上の中心 O から距離 $r\ (< a)$ の位置に質量 m の小さなおもりを付けて水平面上で静止させたとき，底面の法線は鉛直方向からどれだけ傾くか．[下図 (c)]

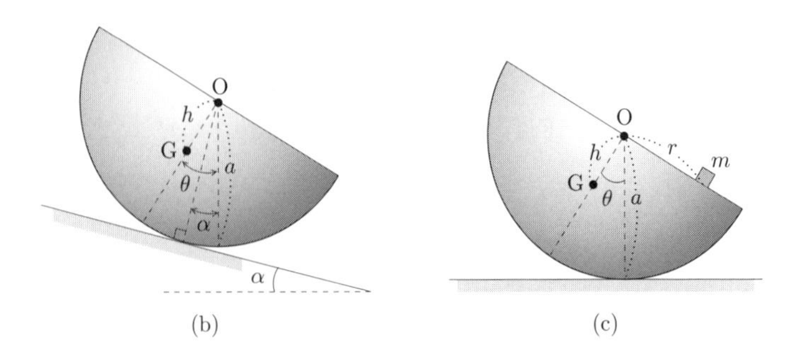

(b)　　(c)

9.5 底面の半径 a，高さ h の円錐形をした質量 M の一様な剛体の，対称軸に関する慣性モーメントを求めよ．

9.6 3 辺の長さが a, b, c の直方体の形をした質量 M の一様な剛体の，重心 G をとおり長さ a の辺に平行な軸に関する慣性モーメントを求めよ．

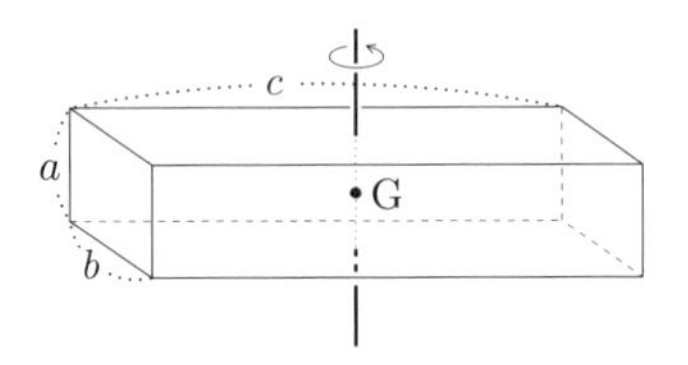

9.7 ピンポン球のような，中空の薄くて面密度の一様な剛体球を考える．質量 M，半径 a として，この球の中心をとおる軸に関する慣性モーメントを求めよ．

10 剛体の運動

剛体の運動を表す一般的な方程式は重心の運動方程式と角運動量方程式により与えられる．この章では，その簡単な応用例として，剛体に固定された軸のまわりの回転運動と，回転軸に垂直な方向への重心の運動をともなう剛体の平面運動について考える．剛体の一般的な運動には 6 つの自由度が関与するが，固定軸まわりの回転にはその軸のまわりの 1 つの回転角のみ，平面運動では 1 つの回転軸まわりの回転角とその軸に垂直な平面上の 2 つ (直線運動なら 1 つ) の並進自由度のみが関与する．

10.1 固定軸まわりの回転

剛体を，剛体に固定された軸を回転軸として回転運動させるとき，剛体の配置は軸のまわりの回転角 θ のみで決まる．この回転軸に関する剛体の慣性モーメントを I とすると，回転軸方向の角運動量は $L = I\dot{\theta}$ であるから，この回転運動は軸方向の角運動量方程式

$$\dot{L} = I\ddot{\theta} = N \tag{10.1}$$

により記述される．N は力のモーメントの回転軸方向の成分で，**トルク**ともよばれる．

■ 実体振り子

質量 M の剛体を，重心 G からの距離が h である水平な固定軸 O を回転軸として振り子運動させる．重心 G と軸 O を含む面の鉛直面からの振れ角を θ とし，軸 O に関する剛体の慣性モーメントを I とする．軸 O 上に原点をとり，重心の位置ベクトルを $\boldsymbol{r}_{\mathrm{G}}$ とすると，軸 O のまわりの重力のモーメントは

$$\boldsymbol{N} = \boldsymbol{r}_{\mathrm{G}} \times M\boldsymbol{g} \tag{10.2}$$

で，その軸方向 (図 10.1 で振り子を反時計まわりに回転させようとする向き) の成分は

$$N = -Mgh\sin\theta \tag{10.3}$$

であるから，角運動量方程式は

$$I\ddot{\theta} = -Mgh\sin\theta \tag{10.4}$$

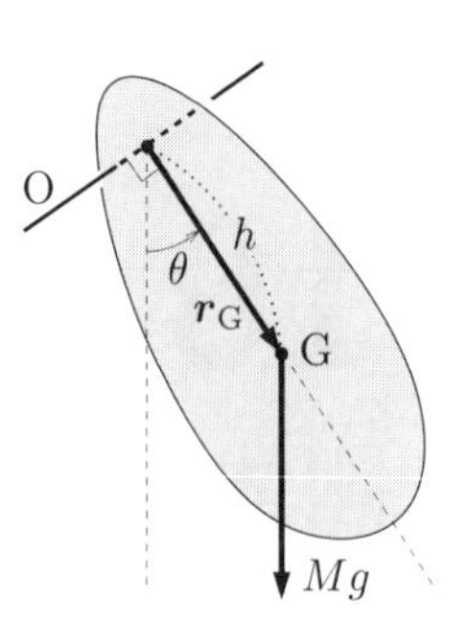

図 10.1 実体振り子

と表される．ここで振れ角 θ が十分小さいとき，$\sin\theta \simeq \theta$ より

$$\ddot{\theta} \simeq -\frac{Mgh}{I}\theta = -\omega^2\theta, \quad \text{ただし} \quad \omega = \sqrt{\frac{Mgh}{I}} \tag{10.5}$$

が成り立つ．よって，単振り子の場合と同様に振れ角 θ の時間変化は単振動となり，その周期は

$$T = \frac{2\pi}{\omega} = 2\pi\sqrt{\frac{I}{Mgh}} \tag{10.6}$$

である．式 (10.4) は長さ $l = \dfrac{I}{Mh}$ の単振り子の方程式 (4.57) と同じであり，この l を「**相当単振り子**の長さ」という．式 (10.4) の両辺に $\dot{\theta}$ をかけると，左辺は

$$I\ddot{\theta}\dot{\theta} = \frac{d}{dt}\left(\frac{1}{2}I\dot{\theta}^2\right),$$

右辺は

$$-Mgh\dot{\theta}\sin\theta = \frac{d}{dt}(Mgh\cos\theta),$$

よって，

$$\frac{d}{dt}\left[\frac{1}{2}I\dot{\theta}^2 - Mgh\cos\theta\right] = 0,$$

$$\therefore\ \frac{1}{2}I\dot{\theta}^2 - Mgh\cos\theta = E \quad \text{(時間によらず一定)} \tag{10.7}$$

という関係が得られる．この式は剛体の振り子運動における力学的エネルギー保存則を表している．式 (10.7) の左辺第 1 項は剛体の回転エネルギー (9.22)，また第 2 項は重力のポテンシャルで，8.4 節の式 (8.31) により一般の多粒子系に対して示したとおり，剛体の重心にその全質量を集めた質点に対する重力のポテンシャルに等しい．

例題 10.1　一様な剛体棒の振り子

質量 M，長さ L の一様な剛体棒を，その端点を支点として微小振幅で振り子運動させたときの周期を求めよ．

【解答】 剛体棒の重心をとおる水平軸に関する慣性モーメントは式 (9.27) より

$$I_{\mathrm{G}} = \frac{1}{12}ML^2$$

であるから，端点のまわりの慣性モーメントは，平行軸の定理より

$$I = I_{\mathrm{G}} + M\left(\frac{L}{2}\right)^2 = \frac{1}{12}ML^2 + \frac{1}{4}ML^2 = \frac{1}{3}ML^2. \tag{10.8}$$

よって周期は，式 (10.6) より

$$T = 2\pi\sqrt{\frac{\frac{1}{3}ML^2}{Mg\frac{L}{2}}} = 2\pi\sqrt{\frac{2L}{3g}} \tag{10.9}$$

となる．この系の相当単振り子の長さは $\dfrac{2}{3}L$ である．□

■ 滑　車

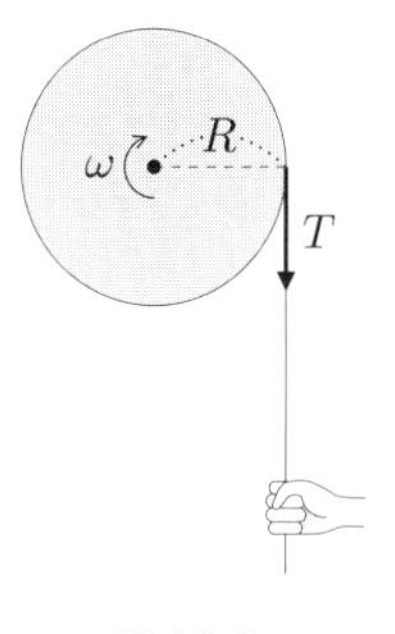

図 10.2

中心軸のまわりをなめらかに回転する車輪に糸を掛け，力の向きを反転させたり，半径の異なる車輪を組み合わせて力の大きさを変換するしくみを**滑車**という．ここで，車輪にかけられた糸は表面をすべることなく車輪の回転に合わせて動くとする．このとき，車輪に接している部分の糸は滑車と一体であるとみなすことができるので，糸が滑車に及ぼす力は，糸が滑車から離れる点に作用する糸の張力のみを考慮すればよい．図 10.2 のように，半径 R の滑車に掛けた糸を張力 T で引くとき，糸が滑車に与える力のモーメントは RT である．回転軸まわりの慣性モーメントを I，回転の角速度を ω とすると，角運動量は $L = I\omega$ であるから，角運動量方程式は

$$\dot{L} = I\dot{\omega} = RT \tag{10.10}$$

と表される．

例題 10.2

図 10.3 のように，半径 R，慣性モーメント I の滑車の軸が水平に固定されている．この滑車に糸を巻き付け，糸の先端に質量 m のおもりを付けて放したとき，おもりの落下する加速度を求めよ．

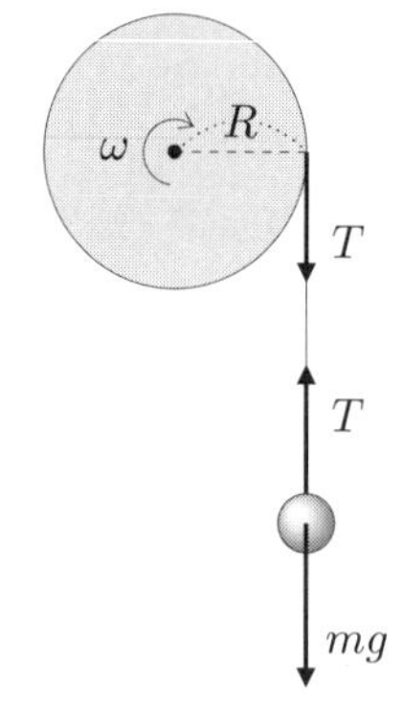

図 10.3

【解答】 滑車の回転の角速度を ω とすると，おもりの速度は $R\omega$，加速度は $R\dot{\omega}$ である．糸の張力を T とすると，おもりの運動方程式は

$$mR\dot{\omega} = mg - T,$$

また，滑車の角運動量方程式は

$$I\dot{\omega} = RT.$$

これらから T を消去することにより

$$I\dot{\omega} = R(mg - mR\dot{\omega}), \tag{10.11}$$

$$\therefore\ \dot{\omega} = \frac{mRg}{I + mR^2} \tag{10.12}$$

が得られる．したがって，おもりの落下する加速度 a は

$$a = R\dot{\omega} = \frac{mR^2}{I + mR^2}\,g$$

である． □

上の例題で，おもりの鉛直下向きの変位を z とすると $\dot{z} = v = R\omega$ であるから，式 (10.11) の両辺に ω をかけることにより

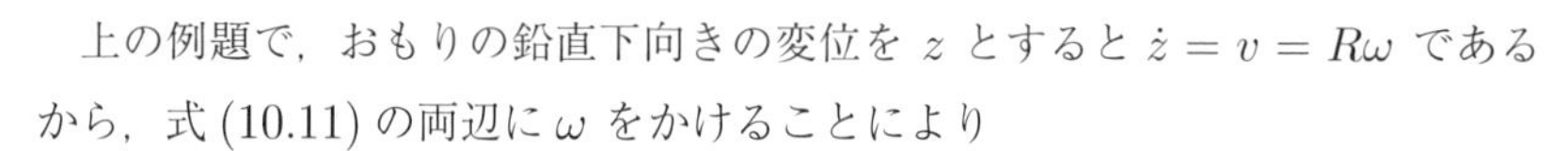

$$I\omega\dot{\omega} = mg\underbrace{R\omega}_{=\dot{z}} - m\underbrace{R^2\omega\dot{\omega}}_{=v\dot{v}},$$

よって，

$$\frac{d}{dt}\left[\frac{1}{2}I\omega^2 + \frac{1}{2}mv^2 - mgz\right] = 0,$$

$$\therefore\ \frac{1}{2}I\omega^2 + \frac{1}{2}mv^2 - mgz = E \quad (\text{時間によらず一定}) \tag{10.13}$$

の関係が得られる．左辺第 1 項は滑車の回転エネルギー，第 2 項と第 3 項はそれぞれ，おもりの運動エネルギーと重力のポテンシャルであり，この式は滑車とおもりの全力学的エネルギーが保存することを表している．

例題 10.3

図 10.4 のように，半径 R_1, R_2 $(R_1 < R_2)$ の車輪を組み合わせて一体とした慣性モーメント I の滑車の軸を水平に固定し，2 つの車輪の側面に互いに反対まわりに糸を巻き付けて，それぞれの糸の先端に質量 m のおもり 1, 2 を吊す．おもりを静かに放したとき，内側の車輪に吊したおもり 1 の加速度を求めよ．

【解答】 滑車の時計まわりの回転の角速度を ω とすると，2 つのおもり 1, 2 の速度はそれぞれ $R_1\omega$, $R_2\omega$ である．糸の張力を T_1, T_2 とすると，おもり 1, 2 の運動方程式はそれぞれ

$$mR_1\dot{\omega} = T_1 - mg, \quad mR_2\dot{\omega} = mg - T_2,$$

滑車の角運動量方程式は

$$I\dot{\omega} = R_2T_2 - R_1T_1$$

で，これらから T_1 と T_2 を消去して

$$\dot{\omega} = \frac{(R_2 - R_1)mg}{I + m(R_1^2 + R_2^2)}$$

が得られる．よっておもり 1 の加速度は，鉛直上向きに

$$R_1\dot{\omega} = \frac{mR_1(R_2 - R_1)}{I + m(R_1^2 + R_2^2)}g$$

となる． □

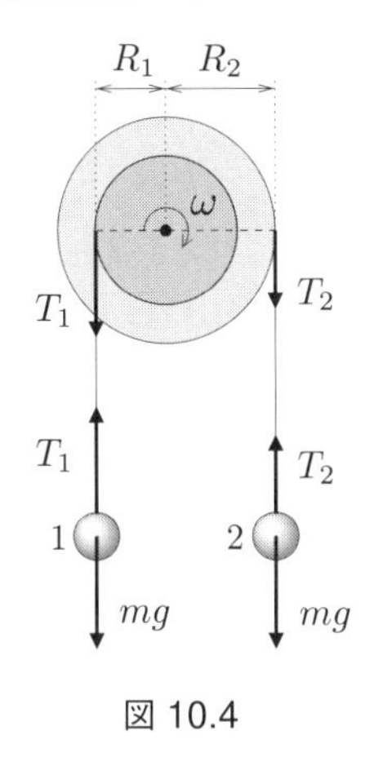

図 10.4

10.2　剛体の平面運動

次に，剛体の回転をともなう並進運動について考える．ここでは簡単のため，剛体の重心が平面上を動き，回転軸がその平面に垂直である場合を扱う．

■ 糸を巻き付けた円柱の落下

図 10.5 のように，剛体円柱に巻き付けた糸の先端を鉛直に固定し，円柱の中心軸を水平にして静かに放すと，円柱は重力により鉛直下方へ落下するが，同時に糸の張力のモーメントによって円柱には中心軸まわりの回転が生じる．こ

のような剛体円柱の運動について考えてみよう.

円柱の質量を M, 断面の半径を R, 中心軸に関する慣性モーメントを I, 糸の張力を T とする. 鉛直下方への重心の変位を z とすると, z はほどけた糸の長さに等しいので, その間の回転角を θ とすると

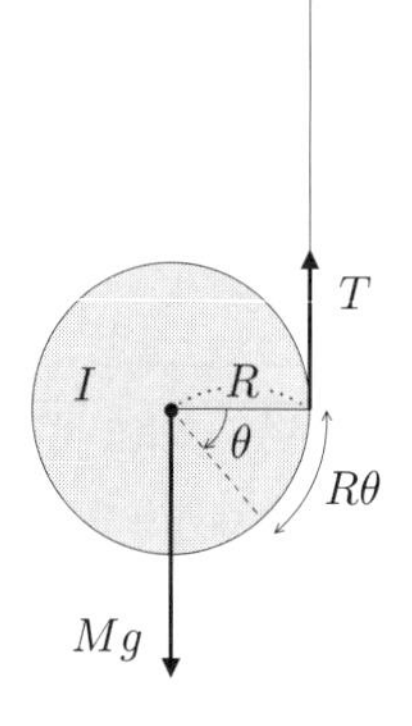

図 10.5

$$z = R\theta \tag{10.14}$$

であり, 重心の加速度 $a = \ddot{z}$ は円柱の回転の角速度 ω を用いて

$$a = R\ddot{\theta} = R\dot{\omega}$$

と表される. 重心の運動方程式は

$$MR\dot{\omega} = Mg - T, \tag{10.15}$$

角運動量方程式は

$$I\dot{\omega} = RT \tag{10.16}$$

で, これら 2 つの式から T を消去して

$$I\dot{\omega} = R(Mg - MR\dot{\omega}), \tag{10.17}$$

$$\therefore\ \dot{\omega} = \frac{MRg}{I + MR^2} \tag{10.18}$$

が得られる. よって円柱の落下する加速度は

$$a = R\dot{\omega} = \frac{MR^2}{I + MR^2}g, \tag{10.19}$$

糸の張力は

$$T = M(g - a) = \frac{I}{I + MR^2}Mg \tag{10.20}$$

となる. また, 式 (10.17) の両辺に ω をかけ, $\dot{z} = v = R\omega$ に注意して書き直すと,

$$I\omega\dot{\omega} + M\underbrace{R^2\omega\dot{\omega}}_{=v\dot{v}} - Mg\underbrace{R\omega}_{=\dot{z}} = 0,$$

よって,

$$\frac{d}{dt}\left[\frac{1}{2}I\omega^2 + \frac{1}{2}Mv^2 - Mgz\right] = 0,$$

$$\therefore\ \frac{1}{2}I\omega^2 + \frac{1}{2}Mv^2 - Mgz = E \quad (\text{時間によらず一定}) \tag{10.21}$$

の関係が得られる．ここで左辺第1項は回転エネルギー，第2項は重心の運動エネルギー，第3項は重力のポテンシャルであり，この式は剛体円柱の力学的エネルギー保存則を表している．

■ 斜面を転がる円柱

水平からの角度 α の斜面をすべることなく転がる剛体円柱を考える．円柱の半径を R，質量を M，軸のまわりの慣性モーメントを I とする．円柱には，重力 Mg，斜面からの垂直抗力 N，および円柱の斜面下方へのすべりに抗する摩擦力 F が斜面に沿って上向きにはたらく．この摩擦力の向きは円柱が斜面を上る場合も下る場合も同じであることに注意を要する．また，円柱表面の斜面に接する箇所は斜面に対して静止しているので，この摩擦力は静止摩擦力であり，剛体に対して仕事をしない．

いま，斜面を下る場合を考え，図10.6のように斜面に沿って下向きに x 軸をとる．円柱が斜面をすべらないので，円柱が角度 θ だけ回転する間に重心の位置は $x = R\theta$ だけ変化する．重心の運動方程式は

$$M\ddot{x} = Mg\sin\alpha - F, \tag{10.22}$$

重心まわりの角運動量方程式は

$$I\ddot{\theta} = RF \tag{10.23}$$

と表され，これらの式から F を消去すると

$$M\ddot{x} + \frac{I\ddot{\theta}}{R} - Mg\sin\alpha = 0 \tag{10.24}$$

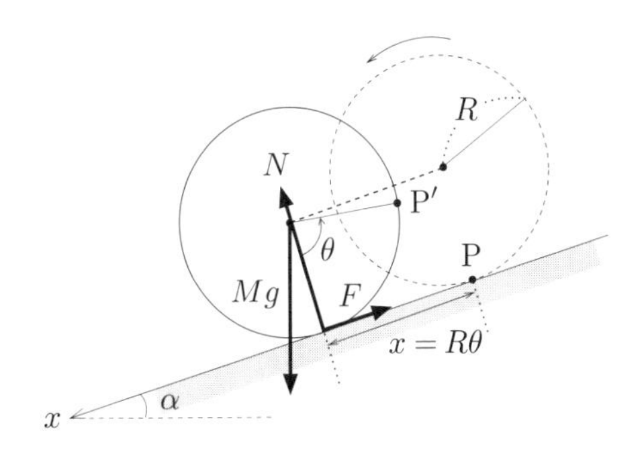

図10.6　斜面を転がる円柱にはたらく力

となる．$x = R\theta$ より $\ddot{\theta} = \dfrac{\ddot{x}}{R}$ であるから，

$$\left(M + \frac{I}{R^2}\right)\ddot{x} = Mg\sin\alpha,$$

よって，斜面を転がる円柱の重心の加速度は

$$\ddot{x} = \frac{MR^2}{I + MR^2}\, g\sin\alpha \tag{10.25}$$

となることがわかる．また，式 (10.24) の両辺に $\dot{x} = R\dot{\theta}$ をかけると

$$M\ddot{x}\dot{x} + I\ddot{\theta}\dot{\theta} - Mg\dot{x}\sin\alpha = 0,$$

よって，

$$\frac{d}{dt}\left[\frac{1}{2}M\dot{x}^2 + \frac{1}{2}I\dot{\theta}^2 - Mgx\sin\alpha\right] = 0,$$

$$\therefore\ \frac{1}{2}M\dot{x}^2 + \frac{1}{2}I\dot{\theta}^2 - Mgx\sin\alpha = E \quad (\text{時間によらず一定}) \tag{10.26}$$

の関係が導かれる．ここで左辺第 1 項は重心の運動エネルギー，第 2 項は重心をとおる軸まわりの回転エネルギー，第 3 項は重心の高さ $-x\sin\alpha$ における重力のポテンシャルであり，この式は剛体円柱の力学的エネルギー保存則を表していることがわかる．

例題 10.4　斜面を転がる剛体球

半径 a，質量 M の一様な剛体球が重心の高さ h の位置から粗い斜面に沿って転がり落ちる (図 10.7)．斜面の下端に達したときの重心の速度を求めよ．また，この剛体球がなめらかな斜面をすべり上るとき，最高到達点の高さを求めよ．ただし，剛体球の重心をとおる回転軸まわりの慣性モーメントは $I = \dfrac{2}{5}Ma^2$ である (☞ 例題 9.6)．

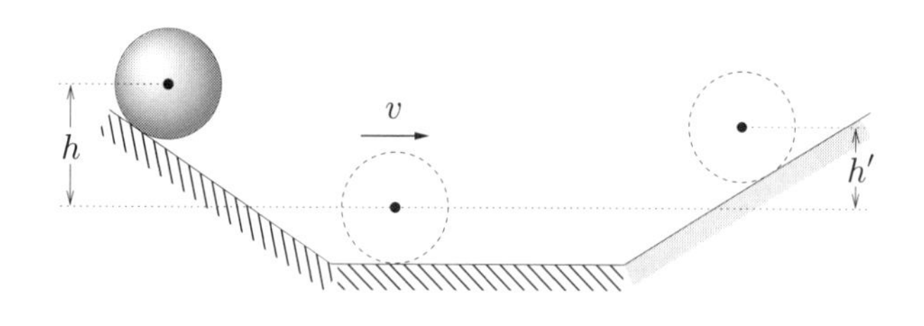

図 10.7

【解答】 剛体球が重心速度 v をもつとすると，回転の角速度は $\omega = \dfrac{v}{a}$ であるから，このときの剛体球の運動エネルギーは

$$E = \frac{1}{2}Mv^2 + \frac{1}{2}I\omega^2$$
$$= \frac{1}{2}Mv^2 + \frac{1}{2}\left(\frac{2}{5}Ma^2\right)\left(\frac{v}{a}\right)^2 = \frac{7}{10}Mv^2.$$

剛体の最初の位置での重力のポテンシャルがこの運動エネルギーに変換されるので，

$$Mgh = \frac{7}{10}Mv^2, \quad \therefore\ v = \sqrt{\frac{10gh}{7}}.$$

次に，この剛体球がなめらかな斜面を上るとき，剛体球にはたらく力 (垂直抗力および重力) の回転軸まわりのモーメントは 0 であるから回転軸方向の角運動量が保存し，回転エネルギーは変化しない．したがって，重心の運動エネルギーだけが重力のポテンシャルに変換されるので，最高点の高さを h' とすると

$$Mgh' = \frac{1}{2}Mv^2 = \frac{5}{7}Mgh, \quad \therefore\ h' = \frac{5}{7}h. \qquad \square$$

■ 床面をすべる剛体球

粗い水平な床面上での質量 M，半径 a，重心まわりの慣性モーメント I の剛体球 (剛体円柱でも同様) の運動において，球が床面上をすべっているとき，この球は床面から動摩擦力を受ける．球と床面の間の動摩擦係数を μ とし，球の回転は重心の運動方向に垂直な水平軸のまわりに起こるとする．重心の速度を V，回転の角速度を ω とすると，$a\omega > V$ のときは球の床面との接点は後方にすべっているので摩擦力は前向きにはたらき，$a\omega < V$ のときは前方にすべっているので摩擦力は後向きにはたらく．この摩擦力により V と ω は変化していくが，$V = a\omega$ となったところですべりが止まり，その時点から一定速度の転がり運動に移行する．

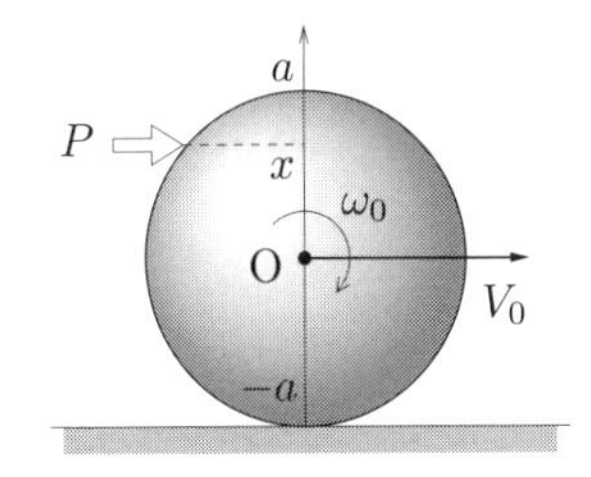

図 10.8

図 10.8 のように，床面上に静止している剛体球の重心から高さ x $(-a < x < a)$ の位置に瞬間的な強い力 (撃力) を水平方向に与えたとする．剛体

にはこの力積 P に等しい運動量変化が生じるので，重心速度 $V_0 = \dfrac{P}{M}$ を得る．また同時に，角力積 xP に等しい角運動量変化が生じるので，重心まわりの角速度 $\omega_0 = \dfrac{xP}{I}$ を得る．最初から球をすべることなく転がすためには $a\omega_0 = V_0$，すなわち，重心からの高さ

$$x_0 = \frac{I}{Ma} \tag{10.27}$$

の位置に力を加えればよい．ピンポン球のような中空の球の慣性モーメントは $I = \dfrac{2}{3}Ma^2$ である (☞ 演習問題 9.7) から $x_0 = \dfrac{2}{3}a$，ビリヤード球のような一様な球の慣性モーメントは $I = \dfrac{2}{5}Ma^2$ である (☞ 例題 9.6) から $x_0 = \dfrac{2}{5}a$ となる．力の作用点が $x > x_0$ であれば $a\omega_0 > V_0$ で，最初，球の床面との接点は後方にすべり，前向きの摩擦力によって重心速度は V_0 から増加していく．一方，$x < x_0$ であれば $a\omega_0 < V_0$ で，摩擦力の向きが逆になって重心速度は V_0 から減少していく．

さらに，撃力の位置だけでなく向きも変化させると，剛体球に任意の重心速度と角速度を与えることができる．時刻 $t = 0$ での重心速度を V_0，角速度を ω_0 として，まず $a\omega_0 > V_0$ の場合を考えよう．このとき摩擦力は進行方向にはたらくので，重心の運動方程式および角運動量方程式は

$$M\dot{V} = \mu Mg, \quad I\dot{\omega} = -\mu Mga \tag{10.28}$$

と表される．したがって，時刻 $t > 0$ における重心の速度および角速度は

$$V(t) = V_0 + \mu gt, \quad \omega(t) = \omega_0 - \frac{\mu Mga}{I}t \tag{10.29}$$

となり，$a\omega = V$ となる時刻を t_1 とすると

$$a\omega_0 - \frac{\mu Mga^2}{I}t_1 = V_0 + \mu gt_1, \quad \therefore\ t_1 = \frac{a\omega_0 - V_0}{\mu g(1 + Ma^2/I)}. \tag{10.30}$$

このときの重心速度は

$$V_1 = V(t_1) = V_0 + \frac{a\omega_0 - V_0}{1 + Ma^2/I} = \frac{Ma^2V_0/I + a\omega_0}{1 + Ma^2/I} \tag{10.31}$$

となり，$t > t_1$ では一定の重心速度 V_1 の転がり運動を行う．

次に $a\omega_0 < V_0$ の場合を考える．このとき摩擦力は進行方向と逆向きにはたらくので，重心の運動方程式および角運動量方程式は

$$M\dot{V} = -\mu mg, \quad I\dot{\omega} = \mu Mga \tag{10.32}$$

となり，式 (10.28) の μ を $-\mu$ に置き換えた方程式に一致する．よって，重心の速度および角速度の時間変化は式 (10.29) の μ を $-\mu$ に置き換えた式

$$V(t) = V_0 - \mu g t, \quad \omega(t) = \omega_0 + \frac{\mu M g a}{I} t$$

で表される．転がり運動に移行した後の重心の速度 (10.31) は μ によらないので，この式は $a\omega_0 < V_0$ の場合にも成り立つ．

球に転がりの向きと逆の強い回転を与えて押し出すと，前方にすべり始めた球が途中で運動の向きを反転して戻ってくることがある．このようなことが起こるのは式 (10.31) で $V_1 < 0$ となる場合であるから，

$$\frac{Ma^2V_0}{I} + a\omega_0 < 0, \qquad \text{すなわち} \qquad -\omega_0 > \frac{MaV_0}{I}$$

を満たす負の角速度を与えればよい．

演習問題 10

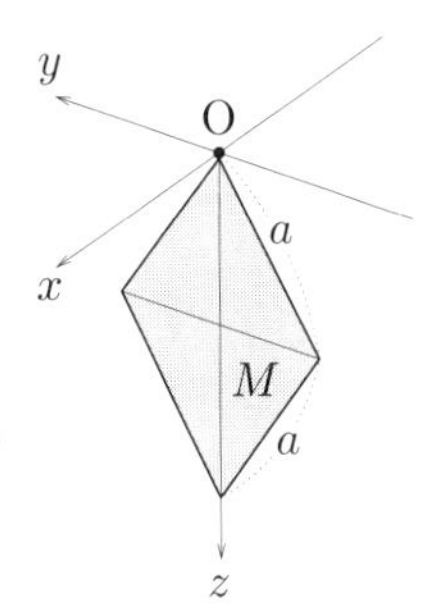

10.1 右図のように，(x, y) 平面を水平面として鉛直下向きに z 軸をとり，質量 M，一辺の長さ a の薄い一様な正方形剛体板を，板面が (y, z) 面に一致するように頂点 O を支点として吊り下げる．ここで，剛体板は支点 O のまわりを自由に回転できるとし，重力加速度の大きさを g とする．

(a) 剛体板の重心をとおり，板に垂直な軸に関する慣性モーメントを求めよ．

(b) 剛体板の x 軸に関する慣性モーメントを求めよ．

(c) 剛体板を x 軸を回転軸として微小振幅で振り子運動させたときの周期を求めよ．

10.2 質量 M の剛体を，その重心からの距離 d_1, d_2 の位置を支点として微小振幅の振り子運動をさせたときの周期がそれぞれ T_1, T_2 であるとき，重力加速度 g を d_1, d_2, T_1, T_2 を用いて表せ．(このようにして重力加速度の測定を行う装置をケーターの振り子という．)

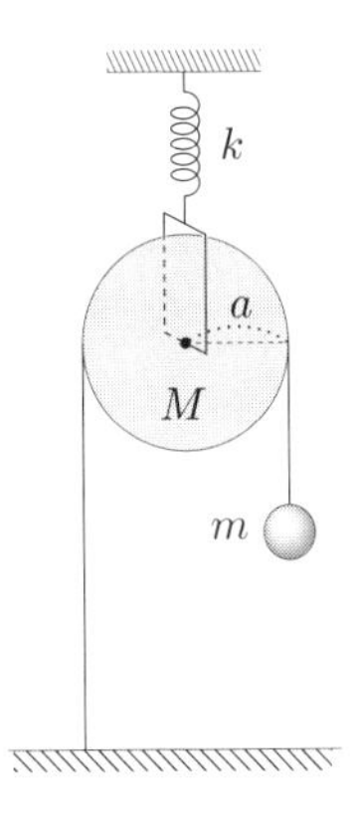

10.3 右図のように，質量 M，半径 a，慣性モーメント $I = \dfrac{1}{2}Ma^2$ の滑車をばね定数 k のばねで天井から吊って糸を掛け，左の糸を床に鉛直に固定して右の糸には質量 m のおもりを取り付ける．糸の張力が 0 で糸にたるみがない

ようおもりを支えた状態から時刻 $t = 0$ でおもりを静かに放した．$t \geq 0$ でのおもりの運動を求めよ．

10.4 右図のように，中心軸を水平にして固定された内半径 R の円筒形パイプの内壁上に，質量 M，断面の半径 a $(a < R)$ の一様な剛体円柱をパイプと平行に静かに置くと，円柱はパイプの壁面に沿ってすべることなく転がり，最下点を中心として往復運動した．振幅が十分小さいとき，この往復運動の周期を求めよ．

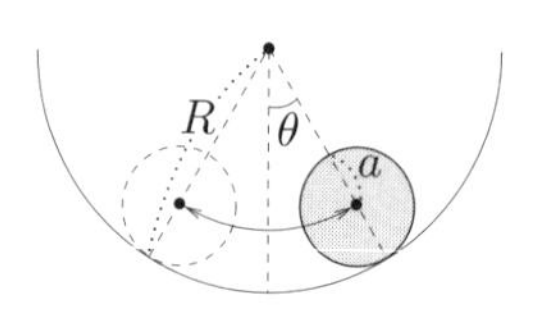

付　　録

A.1　1変数関数のテイラー展開

関数 $f(x)$ が $x=a$ で無限階微分可能であるとき，$x=a$ を中心とするべき級数

$$f(x)=\sum_{n=0}^{\infty}\frac{f^{(n)}(a)}{n!}(x-a)^n \tag{A.1}$$

に展開される．ここで $f^{(n)}(a)$ は関数 $f(x)$ の $x=a$ における n 階微分係数を表す．この展開を $f(x)$ の $x=a$ におけるテイラー (Taylor) 展開という．特に，$x=0$ におけるテイラー展開

$$f(x)=\sum_{n=0}^{\infty}\frac{f^{(n)}(0)}{n!}x^n \tag{A.2}$$

をマクローリン (Maclaurin) 展開とよぶこともある．

指数関数 $f(x)=e^x$ の導関数は $f^{(n)}(x)=e^x$ であるから，$f^{(n)}(0)=1$ であり，その $x=0$ におけるテイラー展開は

$$e^x=\sum_{n=0}^{\infty}\frac{x^n}{n!}=1+x+\frac{x^2}{2}+\frac{x^3}{6}+\cdots \tag{A.3}$$

と表される．

三角関数 $f(x)=\sin x$ では偶数の $n\ (=2k)$ に対して

$$f^{(2k)}(x)=(-1)^k\sin x \quad より \quad f^{(2k)}(0)=0,$$

奇数の $n\ (=2k+1)$ に対して

$$f^{(2k+1)}(x)=(-1)^k\cos x \quad より \quad f^{(2k+1)}(0)=(-1)^k$$

であり，

$$\sin x = \sum_{k=0}^{\infty} \frac{(-1)^k x^{2k+1}}{(2k+1)!} = x - \frac{x^3}{6} + \frac{x^5}{120} - \cdots \tag{A.4}$$

となる．同様にして，$f(x) = \cos x$ では

$$f^{(2k)}(x) = (-1)^k \cos x \quad \text{より} \quad f^{(2k)}(0) = (-1)^k,$$
$$f^{(2k+1)}(x) = (-1)^{k+1} \sin x \quad \text{より} \quad f^{(2k+1)}(0) = 0$$

であり，

$$\cos x = \sum_{k=0}^{\infty} \frac{(-1)^k x^{2k}}{(2k)!} = 1 - \frac{x^2}{2} + \frac{x^4}{24} - \cdots \tag{A.5}$$

となる．

第3章で扱った関数 $f(x) = \log(1+x)$ については

$$f^{(n)}(x) = \frac{(-1)^{n-1}(n-1)!}{(1+x)^n}, \quad f^{(n)}(0) = (-1)^{n-1}(n-1)! \quad (n \geq 1)$$

であり，

$$\log(1+x) = \sum_{n=1}^{\infty} \frac{(-1)^{n-1}}{n} x^n = x - \frac{x^2}{2} + \frac{x^3}{3} - \cdots \tag{A.6}$$

が成り立つ．

A.2　オイラーの公式，複素平面と平面極座標

実数変数の指数関数は，テイラー展開で

$$e^x = \sum_{n=0}^{\infty} \frac{x^n}{n!}$$

と表されるが，この x を複素変数 z に置き換えることにより，複素関数

$$e^z = \sum_{n=0}^{\infty} \frac{z^n}{n!}$$

に拡張される．ここで $z = ix$ (x は実数) とおいて右辺の和を実部 $(n = 2k)$ と虚部 $(n = 2k+1)$ に分けると

$$e^{ix} = \sum_{k=0}^{\infty} (-1)^k \left[\frac{x^{2k}}{(2k)!} + i \frac{x^{2k+1}}{(2k+1)!} \right]$$

となり，三角関数 $\sin x$, $\cos x$ のテイラー展開 (A.4), (A.5) に注意すれば，

$$e^{ix} = \cos x + i \sin x \tag{A.7}$$

が一般に成り立つことがわかる．この式を**オイラーの公式**という．

複素数 $z = x + iy$ は図 A.1 のように，その実部 $\mathrm{Re}\, z = x$ と虚部 $\mathrm{Im}\, z = y$ をそれぞれ横軸と縦軸として，平面上の点 $\mathrm{P}(x, y)$ で表すことができる．この平面のことを**複素平面**という．複素平面上で原点 O と点 P を結ぶ線分の長さ

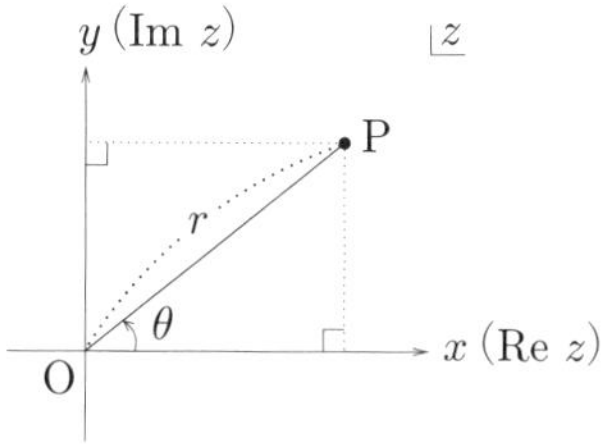

$$r = \sqrt{x^2 + y^2}$$

図 A.1　複素平面と平面極座標

は複素数 z の絶対値 $|z|$ を表す．また，直線 OP を x 軸から反時計まわりに測った角度を θ とすると $x = r\cos\theta$, $y = r\sin\theta$ であるから，オイラーの公式 (A.7) より

$$z = x + iy = r(\cos\theta + i\sin\theta) = re^{i\theta} \tag{A.8}$$

と書ける．この表し方を複素数の**極形式**という．角度 θ を z の**偏角** (argument) といい，

$$\theta = \arg z$$

と表す．$|z|$ と $\arg z$ は平面極座標の r と θ に対応する．

A.3　双曲線関数と逆双曲線関数

双曲線関数 (hyperbolic function) は，指数関数を用いて次式で定義される関数である：

$$\cosh x = \frac{e^x + e^{-x}}{2},$$

$$\sinh x = \frac{e^x - e^{-x}}{2},$$

$$\tanh x = \frac{\sinh x}{\cosh x} = \frac{e^x - e^{-x}}{e^x + e^{-x}}. \tag{A.9}$$

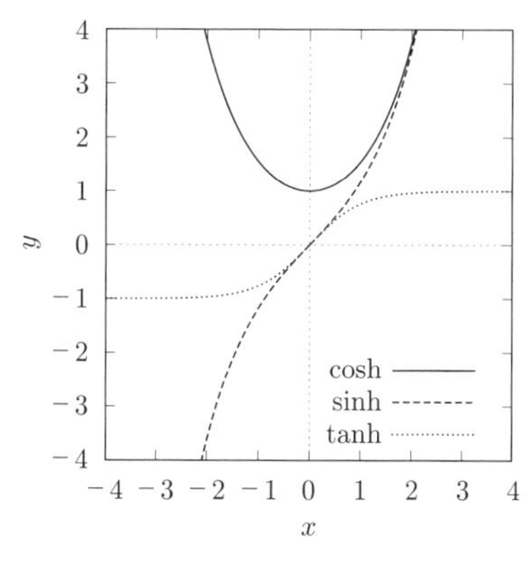

図 A.2　双曲線関数

斉次線形微分方程式

$$\frac{d^2y}{dx^2} = y \tag{A.10}$$

の独立な解は指数関数 e^x と e^{-x} で与えられるが，これらの線形結合で表される $\cosh x$ および $\sinh x$ もやはり方程式 (A.10) の解になっている．各双曲線関数のあいだには以下の関係式が成り立つ：

$$\cosh^2 x - \sinh^2 x = 1, \tag{A.11}$$

$$\frac{d}{dx}\cosh x = \sinh x, \quad \frac{d}{dx}\sinh x = \cosh x, \tag{A.12}$$

$$\frac{d}{dx}\tanh x = \frac{1}{\cosh^2 x} = 1 - \tanh^2 x. \tag{A.13}$$

「双曲線関数」の名称は，曲線のパラメータ表示 $(x(t), y(t)) = (a\cosh t, b\sinh t)$ が双曲線 $\frac{x^2}{a^2} - \frac{y^2}{b^2} = 1$ を与えることに由来する．またそれらの関数名は，オイラーの公式 (A.7) により，虚数変数の双曲線関数が以下のように三角関数と関係づけられることによる：

$$\cosh(ix) = \cos x, \quad \sinh(ix) = i\sin x, \quad \tanh(ix) = i\tan x. \tag{A.14}$$

双曲線関数 (A.9) の逆関数を**逆双曲線関数** (inverse hyperbolic function) という．逆双曲線関数はそれぞれ初等関数を用いて表すことができる．例えば，$\tanh x$ の逆関数 $\tanh^{-1} x$ は，$y = \tanh^{-1} x$ とおくと

$$x = \tanh y = \frac{e^{2y} - 1}{e^{2y} + 1} \quad \text{より} \quad e^{2y} = \frac{1+x}{1-x},$$

$$\therefore \ \tanh^{-1} x = y = \frac{1}{2}\log\frac{1+x}{1-x} \quad (-1 < x < 1) \tag{A.15}$$

と表される．さらに，以下のようにして積分表示が導かれる：

$$\begin{aligned}
\tanh^{-1} x &= \frac{1}{2}\{\log(1+x) - \log(1-x)\} \\
&= \frac{1}{2}\left(\int_0^x \frac{dx'}{1+x'} + \int_0^x \frac{dx'}{1-x'}\right) \\
&= \int_0^x \frac{dx'}{1-x'^2}.
\end{aligned} \tag{A.16}$$

A.4　単振り子の周期と楕円積分

長さ l の腕の先端に質量 m のおもりを付けた振り子の，有限振幅の運動における周期を求める．最大振れ角を θ_0 とすると，$\theta = \theta_0$ のとき $\dot{\theta} = 0$ より，力学的エネルギー保存則を用いて

$$E = \frac{1}{2}m(l\dot{\theta})^2 - mgl\cos\theta = -mgl\cos\theta_0,$$

よって

$$\dot{\theta} = \frac{d\theta}{dt} = \omega_0\sqrt{2(\cos\theta - \cos\theta_0)},$$

$$\therefore\ dt = \frac{d\theta}{\omega_0\sqrt{2(\cos\theta - \cos\theta_0)}} \tag{A.17}$$

が得られる．ここで $\omega_0 = \sqrt{\dfrac{g}{l}}$ は微小振幅の場合の振動の角周波数である．振り子の周期を T とすると，θ が 0 から θ_0 まで変化するのに要する時間は $\dfrac{T}{4}$ であるから

$$\int_0^{T/4} dt = \frac{1}{\omega_0}\int_0^{\theta_0} \frac{d\theta}{\sqrt{2(\cos\theta - \cos\theta_0)}},$$

よって

$$T = \frac{4}{\omega_0}\int_0^{\theta_0} \frac{d\theta}{\sqrt{2(\cos\theta - \cos\theta_0)}} = \frac{2}{\omega_0}\int_0^{\theta_0} \frac{d\theta}{\sqrt{\sin^2\frac{\theta_0}{2} - \sin^2\frac{\theta}{2}}}.$$

ここで $\sin\dfrac{\theta}{2} = \sin\dfrac{\theta_0}{2}\sin\varphi$ により積分変数を θ から φ に変換すると，θ が 0 から θ_0 まで変化するとき φ は 0 から $\dfrac{\pi}{2}$ まで変化し，

$$d\theta = \frac{2\sin\frac{\theta_0}{2}}{\cos\frac{\theta}{2}}\cos\varphi\, d\varphi = \frac{2\sin\frac{\theta_0}{2}}{\sqrt{1 - \sin^2\frac{\theta_0}{2}\sin^2\varphi}}\cos\varphi\, d\varphi,$$

$$\sqrt{\sin^2\frac{\theta_0}{2} - \sin^2\frac{\theta}{2}} = \sin\frac{\theta_0}{2}\sqrt{1 - \sin^2\varphi} = \sin\frac{\theta_0}{2}\cos\varphi,$$

よって周期 T は

$$T = \frac{4}{\omega_0}\int_0^{\pi/2} \frac{d\varphi}{\sqrt{1 - \sin^2\frac{\theta_0}{2}\sin^2\varphi}}$$

となる．この周期 T は，

$$K(k) = \int_0^{\pi/2} \frac{d\varphi}{\sqrt{1 - k^2 \sin^2 \varphi}}$$

により定義される**第 1 種完全楕円積分** $K(k)$ を用いて

$$T = \frac{4}{\omega_0} K\left(\sin \frac{\theta_0}{2}\right)$$

のように表すことができる．$K(0) = \dfrac{\pi}{2}$ より，θ_0 が十分小さければ

$$T \simeq \frac{4}{\omega_0} K(0) = \frac{2\pi}{\omega_0}$$

となり，角周波数 ω_0 の単振動の周期に一致する．

上の結果を用いて，振幅の増大による振り子の周期の変化，すなわち“等時性の破れ”を評価してみよう．k を微小量とすると，$K(k)$ は，

$$\begin{aligned} K(k) &\simeq \int_0^{\pi/2} \left(1 + \frac{1}{2} k^2 \sin^2 \varphi\right) d\varphi \\ &= \frac{\pi}{2} + \frac{1}{4} k^2 \int_0^{\pi/2} (1 - \cos 2\varphi)\, d\varphi = \frac{\pi}{2}\left(1 + \frac{1}{4} k^2\right) \end{aligned}$$

と近似されることから，振り子の周期は

$$T \simeq \frac{4}{\omega_0} \cdot \frac{\pi}{2} \left(1 + \frac{1}{4} \sin^2 \frac{\theta_0}{2}\right) \simeq \frac{2\pi}{\omega_0} \left(1 + \frac{\theta_0^2}{16}\right)$$

のように振幅とともに大きくなることがわかる．また，$\displaystyle\lim_{k \to 1} K(k) = \infty$ であり，$\theta_0 \to \pi$ のとき周期は無限に大きくなる．

A.5 球対称な質量分布からの重力

3.1 節で地表の物体が地球から受ける重力を考える際，それが地球の全質量が地球の中心に集中した質点からの重力に等しいことを用いた．ここでは一般に，球対称な質量分布からの重力が，その全質量を中心に集めた質点からの重力に等しいことを示そう．球対称な質量分布からの重力は，その質量分布を図 A.3 左のように薄い球面状領域に分割し，各部分からの重力の重ね合わせとして表すことができるので，球面状の質量分布からの重力について成り立つことを示せばよい．

原点を中心とする半径 R の球面上に単位面積あたり σ_0 の質量が一様に分布しているとする．この質量分布が点 $(0, 0, r)$ に置かれた質点 m に及ぼす重

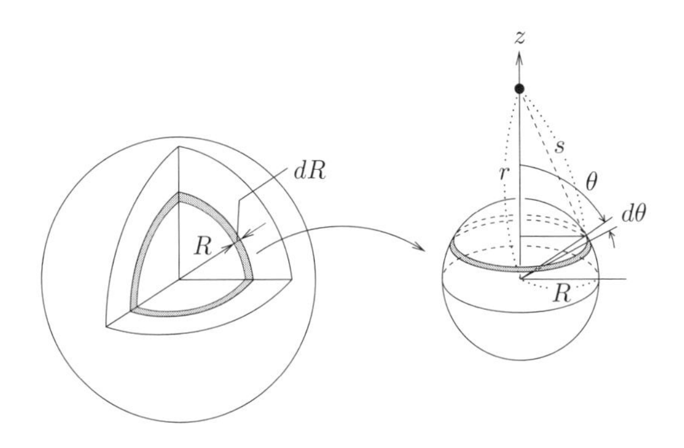

図 A.3 球対称質量分布からの重力の計算

力のポテンシャルを求める．この球面のうち，z 軸から測った角度の範囲が $(\theta, \theta + d\theta)$ の部分は半径が $R\sin\theta$ で幅が $R\,d\theta$ の円環であり，その面積 dS は

$$dS = 2\pi R\sin\theta \cdot R\,d\theta = 2\pi R^2 \sin\theta\,d\theta,$$

質点までの距離 s は

$$s^2 = (r - R\cos\theta)^2 + (R\sin\theta)^2 = r^2 - 2Rr\cos\theta + R^2$$

であるから，この部分の重力ポテンシャルへの寄与 dU は

$$dU = -\frac{Gm\sigma_0\,dS}{s} = -\frac{GmM\sin\theta\,d\theta}{2\sqrt{r^2 - 2Rr\cos\theta + R^2}}$$

と書ける．ここで $M = 4\pi R^2\sigma_0$ は球面の全質量である．これを θ について区間 $0 \le \theta \le \pi$ で積分することにより，ポテンシャルは

$$U(r) = -\frac{GmM}{2}\int_0^\pi \frac{\sin\theta}{\sqrt{r^2 - 2Rr\cos\theta + R^2}}\,d\theta$$

と表される．上式で変数変換 $\theta \to u = \cos\theta$ を行うと

$$\begin{aligned} U(r) &= -\frac{GmM}{2}\int_{-1}^{1} \frac{du}{\sqrt{r^2 - 2Rru + R^2}} \\ &= -\frac{GmM}{2Rr}\left[-\sqrt{r^2 - 2Rru + R^2}\right]_{u=-1}^{1} \\ &= -\frac{GmM}{2Rr}\left(r + R - |r - R|\right) \end{aligned}$$

のように積分を計算できる．このポテンシャルは球面の外 $(r > R)$ では

$$U(r) = -\frac{GmM}{r}$$

となり，球の中心に質量 M の質点があるときの重力のポテンシャルに一致する．一方，球面の内部 $(r < R)$ では

$$U(r) = -\frac{GmM}{R}$$

で，ポテンシャルは一定であるから力は 0 であり，質点を内包する球対称な質量分布はその質点に重力を及ぼさない．

A.6 楕円と双曲線

■ 楕　円

図 A.4 に，原点 O および点 $\mathrm{F}(-2f, 0)$ を焦点とする長半径 a の楕円の形状を示す．楕円の中心 X から焦点までの距離 f の長半径 a に対する比 ϵ を離心率といい，$f = \epsilon a$ が成り立つ．楕円上の点 P を極座標 (r, θ) で表すと，点 P の焦点 F からの距離 r' は

$$\begin{aligned} r' &= \sqrt{(r\cos\theta + 2\epsilon a)^2 + (r\sin\theta)^2} \\ &= \sqrt{r^2 + 4\epsilon ar\cos\theta + 4\epsilon^2 a^2} \end{aligned} \tag{A.18}$$

であり，楕円は 2 つの焦点からの距離の和が一定である点の軌跡であるから $r + r' = 2a$ が常に成り立つ．したがって $(r')^2 = (2a - r)^2$ であるから，式 (A.18) より

$$r^2 + 4\epsilon ar\cos\theta + 4\epsilon^2 a^2 = 4a^2 - 4ar + r^2,$$

これより極座標での楕円の式

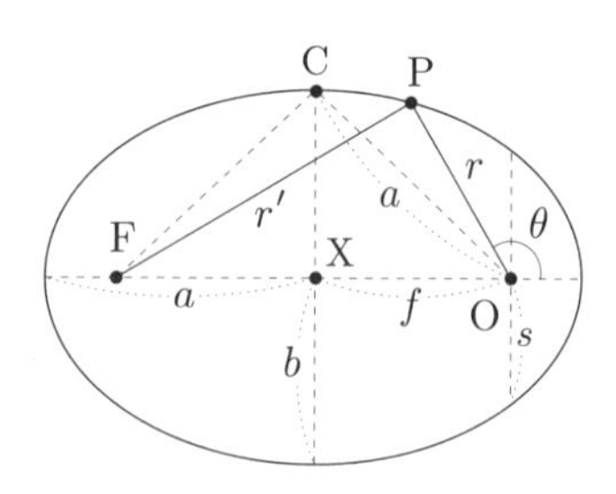

図 A.4　楕円の形状．楕円は 2 つの焦点 O, F からの距離の和が等しい点 P の集合で，$r + r' = 2a$ を満たす．

$$r(\theta) = \frac{a(1-\epsilon^2)}{1+\epsilon\cos\theta} \tag{A.19}$$

が導かれる．焦点をとおり，長軸に垂直な弦 (直弦) の長さの半分 s は半直弦とよばれ，

$$s = r\left(\frac{\pi}{2}\right) = a(1-\epsilon^2) \tag{A.20}$$

で与えられる．これをを用いて楕円の式 (A.19) は

$$r(\theta) = \frac{s}{1+\epsilon\cos\theta} \tag{A.21}$$

と表すことができる．また，短半径 b は，直角三角形 OXC にピタゴラスの定理を適用することにより

$$b = \sqrt{a^2-f^2} = \sqrt{1-\epsilon^2}a \tag{A.22}$$

であるから，楕円の面積 S は

$$S = \pi ab = \pi\sqrt{1-\epsilon^2}a^2 \tag{A.23}$$

となる．

ここで，デカルト座標による楕円の式が導かれることを確かめておこう．まず，

$$x = r(\theta)\cos\theta = \frac{s\cos\theta}{1+\epsilon\cos\theta}, \quad y = r(\theta)\sin\theta = \frac{s\sin\theta}{1+\epsilon\cos\theta}$$

から θ を消去する．1 番目の式から

$$\cos\theta = \frac{x}{s-\epsilon x}.$$

これを 2 番目の式に代入して

$$\begin{aligned} y^2 &= \frac{s^2(1-\cos^2\theta)}{(1+\epsilon\cos\theta)^2} = \frac{s^2\{(s-\epsilon x)^2 - x^2\}}{(s-\epsilon x+\epsilon x)^2} \\ &= \frac{s^2}{1-\epsilon^2} - (1-\epsilon^2)\left(x + \frac{\epsilon s}{1-\epsilon^2}\right)^2. \end{aligned} \tag{A.24}$$

ここで $a = \dfrac{s}{(1-\epsilon^2)}, b = \dfrac{s}{\sqrt{1-\epsilon^2}}$ とおくと

$$\frac{(x+\epsilon a)^2}{a^2} + \frac{y^2}{b^2} = 1 \tag{A.25}$$

となり，$(-\epsilon a, 0)$ を中心とする長半径 a，短半径 b の楕円の式が得られる．

■ 双曲線

図 A.5 に，原点 O および点 F$(2f, 0)$ を焦点とする双曲線の形状を示す．点 O と点 F の中点 X から双曲線の頂点までの距離を a とし，$f = \epsilon a$ $(\epsilon > 1)$ とおく．双曲線は 2 つの焦点からの距離の差が一定である点の集合であり，図 A.5 で実線で示したほうの曲線上の点 P から O, F までの距離をそれぞれ r, r' とすると $r' - r = 2a$ が成り立つ．破線で示したほうの曲線については $r - r' = 2a$ である．これらの関係から，楕円の場合と同様にして軌道の式を求めると，

$$r'^2 = (r\cos\theta - 2\epsilon a)^2 + (r\sin\theta)^2$$
$$= r^2 - 4\epsilon ar\cos\theta + 4\epsilon^2 a^2 = (r \pm 2a)^2,$$
$$\therefore\ r(\theta) = \frac{s}{\epsilon\cos\theta \pm 1}, \quad ただし\quad s = (\epsilon^2 - 1)a > 0 \tag{A.26}$$

となる．$r(\theta) > 0$ となる θ の範囲は，$\theta_{\rm a} = \cos^{-1}\left(\frac{1}{\epsilon}\right)$ を用いて，2 つの曲線についてそれぞれ

$$r(\theta) = \begin{cases} \dfrac{s}{1 + \epsilon\cos\theta}, & \cos\theta > -\dfrac{1}{\epsilon}, \quad \therefore\ |\theta| < \pi - \theta_{\rm a} & \text{(A.27a)} \\ \dfrac{s}{\epsilon\cos\theta - 1}, & \cos\theta > \dfrac{1}{\epsilon}, \quad \therefore\ |\theta| < \theta_{\rm a} & \text{(A.27b)} \end{cases}$$

である．この角度 $\theta_{\rm a}$ は漸近線の傾きを表している．

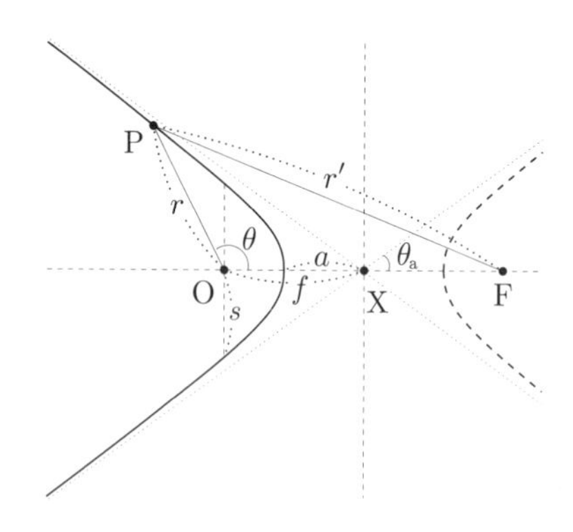

図 A.5　双曲線の形状．双曲線は 2 つの焦点 O, F$(2f, 0)$ からの距離の差が等しい点 P の集合で，$r' - r = 2a$ を満たす．

双曲線の式 (A.26) についてもデカルト座標への変換を行っておこう．

$$x = \frac{s\cos\theta}{\epsilon\cos\theta \pm 1}, \quad y = \frac{s\sin\theta}{\epsilon\cos\theta \pm 1}$$

の最初の式より

$$\cos\theta = \pm\frac{x}{s - \epsilon x},$$

これを 2 番目の式に代入して

$$y^2 = \frac{s^2(1-\cos^2\theta)}{(\epsilon\cos\theta \pm 1)^2} = \frac{s^2\{(s-\epsilon x)^2 - x^2\}}{\{\epsilon x + (s - \epsilon x)\}^2}$$

$$= (\epsilon^2 - 1)\left(x - \frac{\epsilon s}{\epsilon^2 - 1}\right)^2 - \frac{s^2}{\epsilon^2 - 1}.$$

$a = \dfrac{s}{(\epsilon^2 - 1)}$, $b = \dfrac{s}{\sqrt{\epsilon^2 - 1}}$ とおくと

$$\frac{(x - \epsilon a)^2}{a^2} - \frac{y^2}{b^2} = 1 \tag{A.28}$$

が得られる．これは，直線 $y = \pm\dfrac{b}{a}(x - \epsilon a)$ を漸近線とする双曲線軌道を表しており，漸近線の傾き θ_{a} について

$$\tan\theta_{\mathrm{a}} = \pm\frac{b}{a} = \pm\sqrt{\epsilon^2 - 1}, \quad \therefore\ \cos\theta_{\mathrm{a}} = \pm\frac{1}{\sqrt{1 + \tan^2\theta}} = \pm\frac{1}{\epsilon}$$

が成り立つ．

■ 逆 2 乗引力を受ける物体の軌道

以上のことから，楕円の式 (A.21) および双曲線の式 (A.27a) は，例題 7.3 で導いた逆 2 乗引力 $F(r) = \dfrac{\kappa}{r^2}$ $(\kappa < 0)$ に対する軌道方程式の解 (7.27) に一致し，$0 < \epsilon < 1$ のとき離心率 ϵ の楕円軌道，$\epsilon > 1$ のとき双曲線軌道となることがわかった．特別な場合として，$\epsilon = 0$ のときは $r(\theta)$ が θ によらず一定であることから円軌道となる．$\epsilon = 1$ のときは式 (A.24) の 1 行目が

$$y^2 = (s - x)^2 - x^2 = s^2 - 2sx$$

となり，これは点 $\left(\dfrac{s}{2}, 0\right)$ を頂点とする右に凸の放物線軌道である．

演習問題解説

1章

1.1　地球の自転周期は $T = 24 \times 3600\,\mathrm{s}$ であるから

$$\omega = \frac{2\pi}{T} = 7.27 \times 10^{-5}\,\mathrm{rad/s},$$

$$\therefore\ v = R\omega = 460\,\mathrm{m/s}, \quad a = R\omega^2 = 0.034\,\mathrm{m/s^2}\left(\simeq \frac{g}{290}\right).$$

公転周期は $T' = 365 \times 24 \times 3600\,\mathrm{s}$ であるから

$$\omega = \frac{2\pi}{T'} = 1.99 \times 10^{-7}\,\mathrm{rad/s},$$

$$\therefore\ v = R\omega = 30.0\,\mathrm{km/s}, \quad a = R\omega^2 = 5.94 \times 10^{-3}\,\mathrm{m/s^2}\left(\simeq \frac{g}{1600}\right).$$

※光 (光速 30 万 km/s) は 1 秒間に地球を 7 周半 (地球 1 周は約 4 万 km)，太陽を発した光が地球に届くまでの時間は約 500 秒 (8 分 20 秒) と覚えておくと便利.

1.2　円柱の速さ $v = a\dot{\theta} = a\omega$ より $\theta = \omega t$ に注意して，与えられた位置ベクトル $\boldsymbol{r}(t)$ を時間 t で微分する.

$$\boldsymbol{r}(t) = a(\omega t - \sin\omega t, 1 - \cos\omega t)$$

より，

$$\boldsymbol{v}(t) = \dot{\boldsymbol{r}}(t) = a\omega(1 - \cos\omega t, \sin\omega t), \quad \boldsymbol{a}(t) = \dot{\boldsymbol{v}}(t) = a\omega^2(\sin\omega t, \cos\omega t).$$

1.3　初期条件に注意して時間 t で積分する.

$$a(t) = \alpha e^{-\lambda t} = \dot{v}(t)$$

より，

$$v(t) = v(0) + \int_0^t \alpha e^{-\lambda t'}\,dt' = \frac{\alpha}{\lambda}(1 - e^{-\lambda t}) = \dot{x}(t),$$

$$x(t) = x(0) + \int_0^t \frac{\alpha}{\lambda}(1 - e^{-\lambda t'})\,dt' = \frac{\alpha}{\lambda^2}(\lambda t - 1 + e^{-\lambda t}).$$

1.4　$r(t) = \sqrt{a^2 + (bt)^2}$ を用いて，極座標系の基本ベクトルは

$$\boldsymbol{e}_r = \frac{1}{r(t)}(a, bt), \quad \boldsymbol{e}_\theta = \frac{1}{r(t)}(-bt, a).$$

よって，速度ベクトル $\boldsymbol{v}(t) = (0, b)$ の極座標成分は

$$v_r(t) = \boldsymbol{v}(t) \cdot \boldsymbol{e}_r = \frac{b^2 t}{r(t)}, \quad v_\theta(t) = \boldsymbol{v}(t) \cdot \boldsymbol{e}_\theta = \frac{ab}{r(t)}.$$

角速度を ω とすると，$v_\theta = r\omega$ より

$$\omega = \frac{v_\theta}{r} = \frac{ab}{r^2(t)}$$

で，原点からの距離の 2 乗に反比例する．

1.5 $|\boldsymbol{v}|^2$ の時間微分は

$$\frac{d}{dt}|\boldsymbol{v}|^2 = 2\boldsymbol{v} \cdot \dot{\boldsymbol{v}} = 2\boldsymbol{v} \cdot \boldsymbol{a}.$$

よって，加速度 $\boldsymbol{a}$ が速度 $\boldsymbol{v}$ に垂直であれば $\boldsymbol{v} \cdot \boldsymbol{a} = 0$ で，速度の大きさは一定となる．

1.6 曲線 $y = A \sin \dfrac{2\pi x}{L}$ の $y = A$，すなわち $x = \dfrac{L}{4}$ における曲率半径 R は，

$$y' = \frac{2\pi A}{L} \cos \frac{2\pi x}{L} = 0, \quad y'' = -\frac{(2\pi)^2 A}{L^2} \sin \frac{2\pi x}{L} = -\frac{(2\pi)^2 A}{L^2},$$

$$\therefore \ R = \frac{1}{y''} = -\frac{L^2}{4\pi^2 A}.$$

よって，加速度は y 軸の負の向きに $\dfrac{v_0^2}{|R|} = \dfrac{4\pi^2 A v_0^2}{L^2}$.

2 章

2.1 張力を T とすると，鉛直方向の力のつり合いより

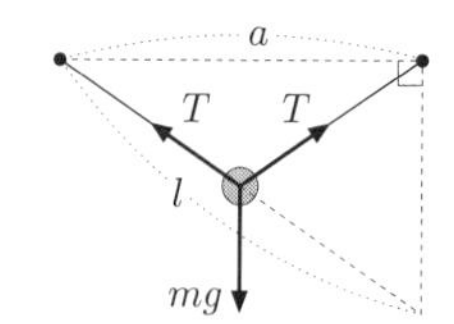

$$2T \frac{\sqrt{l^2 - a^2}}{l} = mg, \quad \therefore \ T = \frac{mgl}{2\sqrt{l^2 - a^2}}.$$

2.2 運動方程式より

$$ma = f_0 \cos \omega t, \quad \therefore \ a(t) = \frac{f_0}{m} \cos \omega t.$$

初期条件を考慮して積分すると

$$v(t) = v(0) + \int_0^t a(t')\,dt' = v_0 + \frac{qE_0}{m\omega} \sin \omega t,$$

$$x(t) = x(0) + \int_0^t v(t')\,dt' = v_0 t + \frac{qE_0}{m\omega^2}(1 - \cos \omega t).$$

2.3 $f = 6\pi\eta r v$ より η の次元は

$$[\eta] = \frac{[f]}{[r][v]} = \frac{\mathrm{ML/T^2}}{\mathrm{L \cdot L/T}} = \frac{\mathrm{M}}{\mathrm{LT}}$$

となり，単位は $\mathrm{kg/m \cdot s}$ である．なお，この単位は $\dfrac{\mathrm{N}}{\mathrm{m^2}} \cdot \mathrm{s} = \mathrm{Pa \cdot s}$ とも表すことができ，粘性率の単位には慣例的に $\mathrm{Pa \cdot s}$ (パスカル秒) が用いられている．

3章

3.1 水平から測った投射角を θ とする．水平距離 w だけ進むのに要する時間は $t_1 = \dfrac{w}{v_0 \cos\theta}$ で，そのときの高さ

$$y = v_0 t_1 \sin\theta - \frac{1}{2} g t_1^2 = w \tan\theta - \frac{g w^2}{2 v_0^2 \cos^2\theta}$$

が $-h$ 以上である条件から

$$\begin{aligned}\frac{1}{v_0^2} &\leq \frac{2(w\tan\theta + h)\cos^2\theta}{g w^2} = \frac{w \sin 2\theta + h(1+\cos 2\theta)}{g w^2} \\ &= \frac{\sqrt{w^2+h^2}\sin(2\theta+\alpha) + h}{g w^2}, \quad \text{ただし} \quad \tan\alpha = \frac{h}{w}\end{aligned}$$

となり，α は点 A から見た対岸の俯角．よって，v_0 を最小にする角は $\sin(2\theta+\alpha) = 1$ より $\theta = \dfrac{1}{2}\left(\dfrac{\pi}{2} - \alpha\right)$ であり，そのときの初速度の大きさは

$$\begin{aligned}v_0 &= \sqrt{\frac{g w^2}{\sqrt{w^2+h^2}+h}} \\ &= \sqrt{g\left(\sqrt{w^2+h^2} - h\right)}.\end{aligned}$$

なお，この初速度の向きは，対岸の方向と鉛直上方との二等分線の方向に一致する．

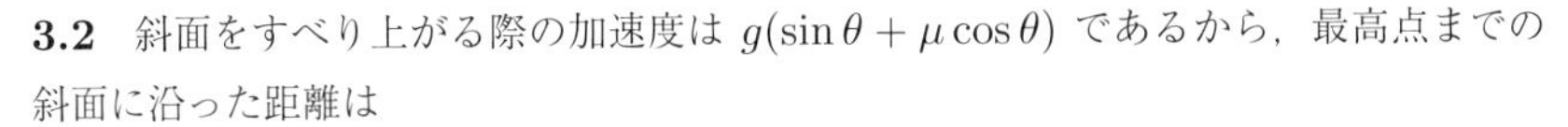

3.2 斜面をすべり上がる際の加速度は $g(\sin\theta + \mu\cos\theta)$ であるから，最高点までの斜面に沿った距離は

$$L = \frac{v_0^2}{2g(\sin\theta + \mu\cos\theta)}.$$

また，すべり下りる際の加速度は $g(\sin\theta - \mu\cos\theta)$ であるから，距離 L だけすべり下りたときの速度を v_1 とすると

$$L = \frac{v_1^2}{2g(\sin\theta - \mu\cos\theta)} = \frac{v_0^2}{2g(\sin\theta + \mu\cos\theta)},$$

$$\therefore\ v_1 = \sqrt{\frac{\sin\theta - \mu\cos\theta}{\sin\theta + \mu\cos\theta}}\, v_0 = \sqrt{\frac{\tan\theta - \mu}{\tan\theta + \mu}}\, v_0.$$

3.3 鉛直上向きの変位を z とすると，運動方程式

$$m\frac{dv}{dt} = -mg - Rv = -R(v + v_{\mathrm{f}}), \quad \text{ただし} \quad v_{\mathrm{f}} = \frac{mg}{R}$$

より，

$$dz = v\,dt = -\frac{m}{R}\frac{v\,dv}{v + v_{\mathrm{f}}} = -\frac{m}{R}\left(1 - \frac{v_{\mathrm{f}}}{v + v_{\mathrm{f}}}\right) dv.$$

求める速度を $-v_1$ として積分すると

$$0 = -\int_{v_0}^{-v_1}\left(1-\frac{v_\mathrm{f}}{v+v_\mathrm{f}}\right)dv = v_0+v_1-v_\mathrm{f}\log\frac{v_\mathrm{f}+v_0}{v_\mathrm{f}-v_1}$$
$$= v_0+v_1-v_\mathrm{f}\left[\log\left(1+\frac{v_0}{v_\mathrm{f}}\right)-\log\left(1-\frac{v_1}{v_\mathrm{f}}\right)\right].$$

$\dfrac{v_0}{v_\mathrm{f}} \ll 1,\ \dfrac{v_1}{v_\mathrm{f}} \ll 1$ を用いて対数を展開すると

$$0 \simeq \frac{v_0+v_1}{v_\mathrm{f}} - \left(\frac{v_0}{v_\mathrm{f}}-\frac{v_0^2}{2v_\mathrm{f}^2}+\frac{v_0^3}{3v_\mathrm{f}^3}\right)-\left(\frac{v_1}{v_\mathrm{f}}+\frac{v_1^2}{2v_\mathrm{f}^2}+\frac{v_1^3}{3v_\mathrm{f}^3}\right)$$
$$= \frac{v_0^2-v_1^2}{2v_\mathrm{f}^2}-\frac{v_0^3+v_1^3}{3v_\mathrm{f}^3}$$
$$= \frac{v_0+v_1}{2v_\mathrm{f}^2}\left[(v_0-v_1)-\frac{2(v_0^2-v_0v_1+v_1^2)}{3v_\mathrm{f}}\right]$$
$$\simeq \frac{v_0+v_1}{2v_\mathrm{f}^2}\left[v_0-v_1-\frac{2v_0^2}{3v_\mathrm{f}}\right],$$
$$\therefore\ v_1 \simeq v_0-\frac{2v_0^2}{3v_\mathrm{f}} = v_0\left(1-\frac{2Rv_0}{3mg}\right).$$

3.4 運動方程式は

$$m\frac{dv}{dt} = -\mu mg - Rv = -R(v+v_1), \quad ただし \quad v_1 = \frac{\mu mg}{R}.$$

変数分離して積分すると

$$\frac{dv}{v+v_1} = -\frac{R}{m}dt \quad より, \quad \int_{v_0}^{v(t)}\frac{dv}{v+v_1} = -\frac{R}{m}\int_0^t dt',$$
$$\log\frac{v(t)+v_1}{v_0+v_1} = -\frac{R}{m}t, \quad \therefore\ v(t) = -v_1+(v_0+v_1)e^{-Rt/m}.$$

また，静止する時刻 t_1 は $v(t_1)=0$ より

$$e^{-Rt_1/m} = \frac{v_1}{v_0+v_1}, \quad \therefore\ t_1 = \frac{m}{R}\log\frac{v_0+v_1}{v_1}.$$

3.5 (a) 小球の速度を v とすると，運動方程式は

$$m\frac{dv}{dt} = -Rv^2.$$

求める時間を T とし，変数分離して上式を積分すると

$$T = \int_0^T dt = -\frac{m}{R}\int_{v_0}^{v_0/2}\frac{dv}{v^2} = \frac{m}{Rv_0}.$$

(b) 変位を x として運動方程式を変形すると

$$dx = v\,dt = -\frac{m\,dv}{Rv}.$$

求める距離を L として上式を積分すると

$$L = \int_0^L dx = -\frac{m}{R}\int_{v_0}^{v_0/e}\frac{dv}{v} = \frac{m}{R}.$$

3.6 鉛直下向きを正として，運動方程式より

$$m\dot{v} = mg - Cv^2, \quad \therefore\ \dot{v} = g - \frac{C}{m}v^2$$

であるから，C/m が小さいほど加速度が大きい．ここで $m \propto r^3$, $C \propto r^2$ より $C/m \propto r^{-1}$ であり，半径の大きい球 A のほうが先に落下する．

4章

4.1 ばねの自然長の位置からのおもりの変位を x，このときの 2 つのばねの伸びをそれぞれ x_1, x_2，ばねの復元力を f とおくと，

$$x = x_1 + x_2, \quad f = k_1x_1 = k_2x_2$$

より，

$$x_1 = \frac{k_2}{k_1+k_2}x, \quad x_2 = \frac{k_1}{k_1+k_2}x,$$

$$f = Kx, \quad \text{ただし} \quad K = \frac{k_1k_2}{k_1+k_2}.$$

ここで K は合成ばね定数である．おもりの運動方程式は

$$m\ddot{x} = mg - f = mg - Kx = -K\left(x - \frac{mg}{K}\right).$$

よって，$x = \dfrac{mg}{K}$ を中心とする角振動数 $\omega = \sqrt{\dfrac{K}{m}}$ の単振動．

4.2 空気抵抗を $-Rv$ とすると，時定数は $\tau = \dfrac{2m}{R}$．よって自由落下の終端速度 v_f は

$$v_\mathrm{f} = \frac{mg}{R} = \frac{g\tau}{2} = \frac{9.8\times 2.0}{2} = 9.8\,\mathrm{m/s}.$$

4.3 物体の質量 m，ばね定数 k とすると，臨界減衰の条件より

$$\frac{Ch}{2m} = \sqrt{\frac{k}{m}}, \quad \therefore\ h = \frac{2\sqrt{mk}}{C} = \frac{2\sqrt{0.1\times 2.5}}{100} = 0.01\ \mathrm{m} = 1\ \mathrm{cm}.$$

4.4 運動方程式は

$$m\ddot{x} = k(x_B - L - x) = -kx + kD\sin\Omega t$$

で，特殊解を $x_\mathrm{p}(t) = C\sin\Omega t$ とおくと

$$(k - m\Omega^2)C = kD, \quad \therefore\ C = \frac{\omega^2 D}{\omega^2 - \Omega^2}, \quad \text{ただし} \quad \omega = \sqrt{\frac{k}{m}}.$$

一般解は

$$x = A\cos\omega t + B\sin\omega t + C\sin\Omega t$$

で，初期条件より

$$x(0) = A = 0, \quad \dot{x}(0) = B\omega + C\Omega = 0, \quad \therefore\ B = -\frac{\Omega}{\omega}C,$$

よって，

$$x(t) = \frac{\omega^2 D}{\omega^2 - \Omega^2}\left(\sin\Omega t - \frac{\Omega}{\omega}\sin\omega t\right).$$

4.5 運動方程式は

$$m\ddot{x} = -kx - R(\dot{x} - V_0\sin\Omega t), \quad \therefore\ \ddot{x} + 2\lambda\dot{x} + \omega^2 x = 2\lambda V_0\sin\Omega t.$$

複素関数 $z(t)$ の従う微分方程式

$$m\ddot{z} + 2\lambda\dot{z} + \omega^2 z = 2\lambda V_0 e^{i\Omega t}$$

の解を $z = Ae^{i\Omega t}$ とおいて方程式に代入すると

$$(\omega^2 + 2i\lambda\Omega - \Omega^2)A = 2\lambda V_0$$

より，

$$A = \frac{2\lambda V_0}{\omega^2 + 2i\lambda\Omega - \Omega^2} = \frac{2\lambda V_0 e^{-i\phi_0}}{\sqrt{(\omega^2 - \Omega^2)^2 + (2\lambda\Omega)^2}},$$

$$\text{ただし}\quad \phi_0 = \arg(\omega^2 - \Omega^2 + 2i\lambda\Omega).$$

よって，運動方程式の特殊解は

$$x_{\mathrm{p}}(t) = \operatorname{Im} z(t) = \frac{2\lambda V_0}{\sqrt{(\omega^2 - \Omega^2)^2 + (2\lambda\Omega)^2}}\sin(\Omega t - \phi_0).$$

斉次方程式の解は減衰振動であるから，十分時間が経過した後には初期条件によらず，この特殊解 $x_{\mathrm{p}}(t)$ のみが残る．またこの振幅は

$$(\omega^2 - \Omega^2)^2 + (2\lambda\Omega)^2 = (\Omega^2 - \omega^2 + 2\lambda^2)^2 + 4\lambda^2(\omega^2 - \lambda^2)$$

より，$\Omega = \sqrt{\omega^2 - 2\lambda^2}$ (ただし $\omega > \sqrt{2}\lambda$ とする) のとき最大値 $\dfrac{V_0}{\sqrt{\omega^2 - \lambda^2}}$ をとる．

5章

5.1 箱の加速度は $a = g(\sin\alpha - \mu\cos\alpha)$. 糸の張力を T とすると，箱に固定された座標系での斜面方向および斜面に垂直な方向の力のつり合いより

$$T\sin\theta = mg\sin\alpha - ma = \mu mg\cos\alpha,$$

$$T\cos\theta = mg\cos\alpha,$$

$$\therefore\ \tan\theta = \frac{T\sin\theta}{T\cos\theta} = \mu.$$

5.2 荷物が荷台から受ける垂直抗力をN，静止摩擦力を荷台斜面に沿って下向きに F とする．トラックに固定された加速度 a の加速度系での力のつり合いにより，

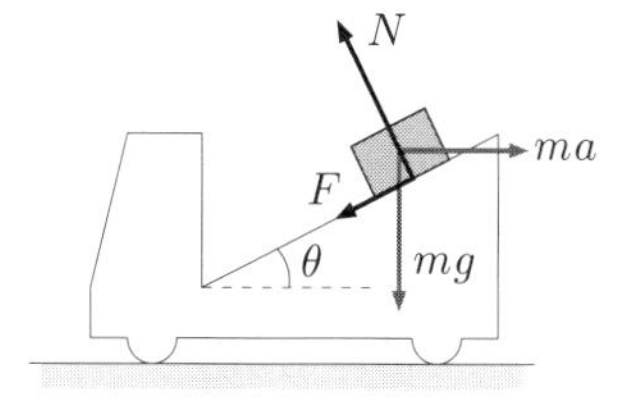

$$N = mg\cos\theta + ma\sin\theta,$$
$$F = ma\cos\theta - mg\sin\theta.$$

静止摩擦力 F の大きさが最大静止摩擦力 $\mu_0 N$ 以下であればよいので，$-\mu_0 N \le F \le \mu_0 N$ より

$$-\mu_0(g + a\tan\theta) \le a - g\tan\theta \le \mu_0(g + a\tan\theta),$$
$$\therefore\ -\frac{\mu_0 - \tan\theta}{1 + \mu_0\tan\theta}\,g \le a \le \frac{\mu_0 + \tan\theta}{1 - \mu_0\tan\theta}\,g.$$

5.3 遠心力 $mr_0\omega^2$ は動径方向，横慣性力 $mr_0\alpha$ は角度方向にはたらき，その合力が最大静止摩擦力に等しくなる条件

$$(mr_0\omega^2)^2 + (mr_0\alpha)^2 = (\mu_0 mg)^2$$

より，

$$\omega^4 = (\alpha t)^4 = \frac{(\mu_0 g)^2 - (r_0\alpha)^2}{r_0^2}, \quad \therefore\ t = \frac{1}{\alpha}\left[\frac{(\mu_0 g)^2 - (r_0\alpha)^2}{r_0^2}\right]^{1/4}.$$

5.4 回転の半径は $l\sin\theta$ であるから，回転系での力のつり合いより

$$\frac{mv^2}{l\sin\theta} = mg\tan\theta, \quad \therefore\ v^2 = gl\,\frac{\sin^2\theta}{\cos\theta}.$$

5.5 物体が $\theta > 0$ の位置にあるとき，回転系での円環の接線方向の力のつり合いより

$$m(R\sin\theta)\omega^2\cos\theta = mg\sin\theta, \quad \therefore\ \cos\theta = \frac{g}{R\omega^2}.$$

このような $\theta > 0$ が存在するためには

$$\frac{g}{R\omega^2} < 1, \quad \therefore\ \omega > \sqrt{\frac{g}{R}} = \omega_{\mathrm{c}}.$$

6章

6.1 単振動の角振動数を $\omega = \sqrt{k/m}$ とおくと，振幅 A の単振動ではつり合いの位置で速度が最大値 ωA をとるので，おもりに速度 $v = \omega A$ を与えればよい．したがって，加える力積は

$$mv = m\omega A = \sqrt{mk}\,A.$$

6.2 気体に与える力の反作用がエンジンの推進力となる．これは単位時間あたりに気体が得る運動量に等しいので

$$F=\frac{\Delta m\cdot v}{\Delta t}=500\ \mathrm{kg/s}\times 1000\ \mathrm{m/s}=5\times 10^5\ \mathrm{N}.$$

6.3 鉛直上方の高さ $L\ (=40\,\mathrm{cm})$ に到達するための玉の速度は $v_0=\sqrt{2gL}$. 張力 T で距離 $s\ (=10\,\mathrm{cm})$ 引き上げたとき，玉がされる仕事 $(T-mg)s$ が玉の運動エネルギー $\frac{1}{2}mv_0^2$ に等しいので

$$T=mg+\frac{mv_0^2}{2s}=mg\left(1+\frac{L}{s}\right)=0.05\times 9.8\times\left(1+\frac{40}{10}\right)=2.45\ \mathrm{N}.$$

6.4 打者から水平前方に x 軸，鉛直上向きに y 軸をとる．打つ直前のボールの速度は $\boldsymbol{v}_0=(-v_0,0)$. 水平距離 L 飛ばすのに必要な打球の初速度 $\boldsymbol{v}=(v_x,v_y)$ は

$$v_x=v_y=\sqrt{\frac{gL}{2}}=\sqrt{\frac{9.8\times 100}{2}}=22.1\,\mathrm{m/s}.$$

よって，接触時間 Δt の間に質量 m のボールに与える力積の大きさは

$$\bar{f}\Delta t=m|\boldsymbol{v}-\boldsymbol{v}_0|$$

であり，求める力の大きさは

$$\begin{aligned}\bar{f}&=\frac{m}{\Delta t}\sqrt{(v_x+v_0)^2+{v_y}^2}\\&=\frac{0.15}{1.5\times 10^{-3}}\sqrt{(22.1+33.3)^2+22.1^2}=6.0\times 10^3\,\mathrm{N}.\end{aligned}$$

※この問題で，ボールを打ち上げる角度も変化させて考えると，角度が約 60° のときに最小の力でホームランにできることがわかる．この最適な角度は投球が速くなるほど大きくなる．なお，実際には空気抵抗の影響が無視できない．

6.5 空気抵抗がする仕事は $W=\displaystyle\int(-Rv)\,dx$ であるから，この積分を行うには v を x の関数で表せばよい．運動方程式を変形して

$$m\frac{dv}{dt}=-Rv=-R\frac{dx}{dt},\quad \therefore\ dv=-\frac{R}{m}\,dx.$$

速度が v_0 から v に変化する間に位置が 0 から x まで変化することに注意して上の式を積分すると

$$\int_{v_0}^{v}dv'=-\frac{R}{m}\int_0^x dx',\quad \therefore\ v=v_0-\frac{Rx}{m}.$$

よって求める仕事は

$$W=\int_0^x\left(-Rv_0+\frac{R^2x'}{m}\right)dx'=-Rv_0x+\frac{R^2x^2}{2m}.$$

※ $v=0$ のとき $x=mv_0/R$ であるが，そこでは $W=-mv_0^2/2$ であり，運動エネルギーのすべてが空気抵抗によって消費されたことがわかる．

6.6 ばねの復元力および摩擦力がする仕事と運動エネルギーの関係より

$$\frac{k}{2}(a^2-b^2)-\mu mg(a+b)=0, \quad \therefore\ \mu=\frac{k(a-b)}{2mg}.$$

速さは，ばねの伸びが $\dfrac{\mu mg}{k}=\dfrac{a-b}{2}$ のとき，最大値 $\dfrac{a+b}{2}\sqrt{\dfrac{k}{m}}$.

6.7 力の回転が 0 となる条件より

$$\frac{\partial f_y}{\partial x}-\frac{\partial f_x}{\partial y}=\beta y-2\alpha y=0, \quad \therefore\ \beta=2\alpha.$$

このときポテンシャルは，$U=-\alpha xy^2+U_0$ (U_0 は基準点により定まる定数).

6.8 平衡点は

$$\begin{aligned}U'(x)&=e_0\{-2ke^{-2k(x-a)}+2ke^{-k(x-a)}\}\\&=-2ke_0\,e^{-k(x-a)}\{e^{-k(x-a)}-1\}=0, \quad \therefore\ x=a.\end{aligned}$$

また，

$$U''(x)=e_0\{4k^2e^{-2k(x-a)}-2k^2e^{-k(x-a)}\}, \quad \therefore\ U''(a)=2k^2e_0>0$$

より，$x=a$ は安定平衡点である.

6.9 運動方程式は

$$m\ddot{x}=-\frac{\partial U}{\partial x}=-\frac{k}{2}(x-y), \quad m\ddot{y}=-\frac{\partial U}{\partial y}=-\frac{k}{2}(y-x).$$

辺々の和および差から

$$\ddot{x}+\ddot{y}=0, \quad \ddot{x}-\ddot{y}=-\frac{k}{m}(x-y)=-\omega^2(x-y),\ \text{ただし}\ \omega=\sqrt{\frac{k}{m}}.$$

よって，$x+y$ は等速度運動，$x-y$ は単振動するので，初期条件を考慮して

$$\begin{aligned}&x+y=v_0t, \quad x-y=\frac{v_0}{\omega}\sin\omega t,\\&\therefore\ x(t)=\frac{1}{2}(v_0t+\frac{v_0}{\omega}\sin\omega t), \quad y(t)=\frac{1}{2}(v_0t-\frac{v_0}{\omega}\sin\omega t).\end{aligned}$$

7 章

7.1 角運動量を l とすると，力学的エネルギー保存則

$$\frac{l^2}{2mr_1^2}-\frac{\kappa}{r_1}=\frac{l^2}{2mr_2^2}-\frac{\kappa}{r_2}$$

より，

$$\frac{l^2}{2m}\left(\frac{1}{r_1^2}-\frac{1}{r_2^2}\right)=\kappa\left(\frac{1}{r_1}-\frac{1}{r_2}\right), \quad \therefore\ l=\sqrt{\frac{2m\kappa r_1r_2}{r_1+r_2}}.$$

また，力学的エネルギー E は

$$E=\frac{l^2}{2mr_1^2}-\frac{\kappa}{r_1}=\frac{\kappa r_2}{(r_1+r_2)r_1}-\frac{\kappa}{r_1}=-\frac{\kappa}{r_1+r_2}.$$

7.2 $u(\theta)=1/r(\theta)$ に対する軌道方程式 (7.24) より

$$\frac{d^2u}{d\theta^2}+u=-\frac{1}{mw^2u^2}(-\kappa u^2+\lambda u^3)=\frac{\kappa}{mw^2}-\frac{\lambda}{mw^2}u.$$

ここで $\dfrac{\lambda}{mw^2}=\eta,\ \dfrac{\kappa}{mw^2}=\dfrac{1+\eta}{s}$ とおくと

$$u''+(1+\eta)u=\frac{1+\eta}{s}.$$

よって

$$u(\theta)=\frac{1+\epsilon\cos(\sqrt{1+\eta}\,\theta)}{s}\quad (\epsilon \text{ は積分定数})$$

$$\therefore\ r(\theta)=\frac{s}{1+\epsilon\cos(\sqrt{1+\eta}\,\theta)}.$$

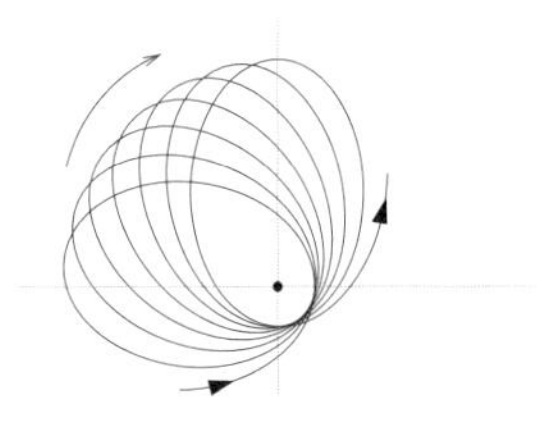

$|\epsilon|<1$ とすると $\lambda=0$ のとき楕円，$\lambda\neq 0$ のとき右図のように楕円の軸が時間とともに回転する．(太陽に近い内惑星が太陽から受ける強い重力では，一般相対論的効果により逆 2 乗則がわずかに破れており，この問題の解のように楕円軌道の軸が回転して近日点移動が起こる．)

7.3 ケプラーの第 3 法則より，周期の 2 乗と太陽からの平均距離の 3 乗の比は等しいので，ハレー彗星の遠日点距離を r_{E} の c 倍とすると

$$\left(\frac{c+0.6}{2}\right)^3=75^2\quad \text{より}\quad \frac{c+0.6}{2}=75^{2/3}=17.8,\quad \therefore\ c=35.$$

7.4 加速前の半径 r_0 は，円運動の向心力が重力に等しいことから

$$\frac{mv_0^2}{r_0}=\frac{GMm}{r_0^2},\quad \therefore\ r_0=\frac{GM}{v_0^2}.$$

楕円軌道となるには力学的エネルギーが負であればよいので，

$$\frac{1}{2}m(\alpha v_0)^2-\frac{GMm}{r_0}=\left(\frac{\alpha^2}{2}-1\right)mv_0^2<0,\quad \therefore\ \alpha<\sqrt{2}.$$

加速後の力学的エネルギー $E=-(1-\frac{\alpha^2}{2})mv_0^2$ は加速前の力学的エネルギー $E_0=-\frac{1}{2}mv_0^2$ の $(2-\alpha^2)$ 倍であり，式 (7.39) より力学的エネルギーは長半径 a に反比例するので，加速後の楕円軌道の長半径はもとの円軌道の半径の $(2-\alpha^2)^{-1}$ 倍．よってケプラーの第 3 法則により，加速後の公転周期はもとの円運動の $(2-\alpha^2)^{-3/2}$ 倍になる．

8 章

8.1 (a) $\boldsymbol{V}=\dfrac{m_1\boldsymbol{v}_0}{m_1+m_2}$

(b) 一般に重心系での衝突前の粒子 1, 2 の速度を $\boldsymbol{u}_1$, $\boldsymbol{u}_2$，衝突後の粒子 1, 2 の速度を $\boldsymbol{u}_1'$, $\boldsymbol{u}_2'$ とすると，

$$m_1\boldsymbol{u}_1 + m_2\boldsymbol{u}_2 = m_1\boldsymbol{u}_1' + m_2\boldsymbol{u}_2' = 0$$

より，

$$\boldsymbol{u}_2 = -\frac{m_1}{m_2}\boldsymbol{u}_1, \quad \boldsymbol{u}_2' = -\frac{m_1}{m_2}\boldsymbol{u}_1'.$$

衝突前の運動エネルギーは

$$\frac{1}{2}m_1\boldsymbol{u}_1^2 + \frac{1}{2}m_2\boldsymbol{u}_2^2 = \frac{1}{2}m_1\boldsymbol{u}_1^2 + \frac{1}{2}m_2\left(-\frac{m_1}{m_2}\boldsymbol{u}_1\right)^2 = \frac{m_1(m_1+m_2)}{2m_2}\boldsymbol{u}_1^2.$$

同様に，衝突後の運動エネルギーは $\dfrac{m_1(m_1+m_2)}{2m_2}{\boldsymbol{u}_1'}^2$ となり，これが衝突前の運動エネルギーに等しいことから $|\boldsymbol{u}_1'| = |\boldsymbol{u}_1|$ が成り立つ．

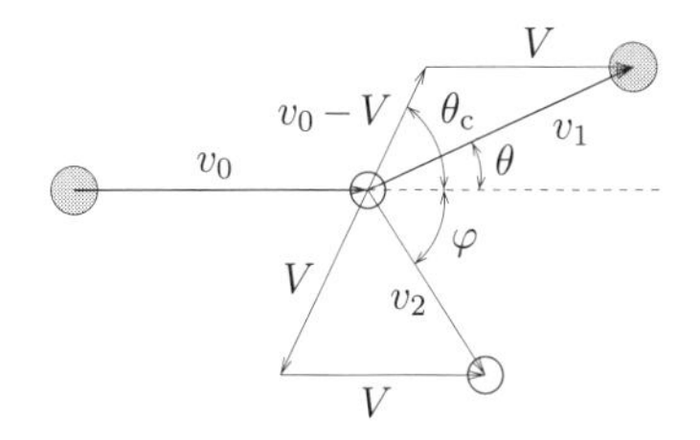

(c) 重心系での粒子 1, 2 の速度の大きさはそれぞれ $v_0 - V$, V である．よって重心系と静止系の速度の関係 (上図を参照) より，θ は

$$\tan\theta = \frac{v_1\sin\theta}{v_1\cos\theta} = \frac{(v_0 - V)\sin\theta_c}{V + (v_0 - V)\cos\theta_c} = \frac{m_2\sin\theta_c}{m_1 + m_2\cos\theta_c},$$

また，φ は

$$\tan\varphi = \frac{v_2\sin\varphi}{v_2\cos\varphi} = \frac{V\sin\theta_c}{V - V\cos\theta_c} = \frac{\sin\theta_c}{1-\cos\theta_c}$$

$$= \frac{2\sin\frac{\theta_c}{2}\cos\frac{\theta_c}{2}}{2\sin^2\frac{\theta_c}{2}} = \frac{1}{\tan\frac{\theta_c}{2}} = \tan\left(\frac{\pi}{2} - \frac{\theta_c}{2}\right),$$

$$\therefore\ \varphi = \frac{\pi - \theta_c}{2}.$$

(d) $0 \leq \theta_c \leq \pi$ の範囲での $\tan\theta$ の増減を調べる．

$$\frac{d}{d\theta_c}\tan\theta = \frac{m_2(m_1\cos\theta_c + m_2)}{(m_1 + m_2\cos\theta_c)^2}$$

より，増減表は次のようになる．

θ_c	0	$\cdots$	$\cos^{-1}(-\frac{m_2}{m_1})$	$\cdots$	π
$\frac{d}{d\theta_c}\tan\theta$	$\frac{m_2}{m_1+m_2}$	$+$	0	$-$	$-\frac{m_2}{m_1-m_2}$
$\tan\theta$	0	$\nearrow$	$\frac{m_2}{\sqrt{m_1^2-m_2^2}}$	$\searrow$	0

よって φ は $\cos\theta_c = -\frac{m_2}{m_1}$ のとき最大値 $\theta_{\max}$ をとり,

$$\tan\theta_{\max} = \frac{m_2}{\sqrt{m_1^2 - m_2^2}} \qquad \left(\sin\theta_{\max} = \frac{m_2}{m_1}\right).$$

(e) (c) で求めた $\tan\theta$ の式に $\theta_c = \pi - 2\varphi$ を代入して

$$\tan\theta = \frac{m_2 \sin 2\varphi}{m_1 - m_1 \cos 2\varphi}.$$

$m_1 = m_2$ のとき,

$$\tan\theta = \frac{\sin 2\varphi}{1 - \cos 2\varphi} = \frac{2\sin\varphi\cos\varphi}{2\sin^2\varphi} = \frac{1}{\tan\varphi} = \tan\left(\frac{\pi}{2} - \varphi\right),$$

よって, $\theta = \dfrac{\pi}{2} - \varphi, \quad \therefore\ \theta + \varphi = \dfrac{\pi}{2}.$

8.2 (a) 物体 A, B の運動方程式

$$m\ddot{x}_A = kr - R\dot{x}_A, \quad m\ddot{x}_B = -kr - R\dot{x}_B$$

より,

$$\ddot{X} = \frac{1}{2}(\ddot{x}_A + \ddot{x}_B) = -\frac{R}{m}\dot{X}, \quad \ddot{r} = \ddot{x}_B - \ddot{x}_A = -\frac{2k}{m}r - \frac{R}{m}\dot{r}.$$

(b) 初期条件

$$X(0) = \frac{l}{2}, \quad \dot{X}(0) = \frac{v_0}{2}, \quad r(0) = 0, \quad \dot{r}(0) = -v_0$$

より, 重心の方程式の解は

$$\dot{X}(t) = \frac{v_0}{2}e^{-\frac{R}{m}t}, \quad \therefore\ X(t) = \frac{l}{2} + \frac{mv_0}{2R}(1 - e^{-\frac{R}{m}t}).$$

ばねの伸びの方程式の解は

$$\ddot{r} + 2\lambda\dot{r} + \omega_0^2 r = 0, \quad \lambda = \frac{R}{2m}, \quad \omega_0^2 = \frac{2k}{m} > \lambda^2$$

より減衰振動となり, C_1, C_2 を定数として一般解は

$$r(t) = e^{-\lambda t}(C_1\cos\omega t + C_2\sin\omega t), \quad \omega = \sqrt{\omega_0^2 - \lambda^2}$$

で, 初期条件より

$$r(0) = C_1 = 0, \quad \dot{r}(0) = -\lambda C_1 + \omega C_2 = -v_0, \quad C_2 = -\frac{v_0}{\omega}.$$

$$\therefore\ r(t) = -\frac{v_0}{\omega}e^{-\lambda t}\sin\omega t.$$

よって各物体の位置は

$$\begin{aligned} x_A(t) &= X(t) - \frac{1}{2}(l + r(t)) \\ &= \frac{v_0}{4\lambda}(1 - e^{-2\lambda t}) + \frac{v_0}{2\omega}e^{-\lambda t}\sin\omega t, \\ x_B(t) &= X(t) + \frac{1}{2}(l + r(t)) \end{aligned}$$

$$= l + \frac{v_0}{4\lambda}(1 - e^{-2\lambda t}) - \frac{v_0}{2\omega}e^{-\lambda t}\sin\omega t.$$

8.3 等速円運動であるから，天体間の距離 D および角速度 ω は一定である．相対運動方程式を極座標で表すと，動径方向の方程式は

$$-\frac{m_1 m_2}{m_1 + m_2}D\omega^2 = -\frac{Gm_1 m_2}{D^2},$$

これより

$$T^2 = \left(\frac{2\pi}{\omega}\right)^2 = \frac{4\pi^2 D^3}{G(m_1 + m_2)}$$

となり，周期の 2 乗は天体間の距離の 3 乗に比例する．

※ケプラーの第 3 法則 (☞ 7.4 節) からは分母の $m_1 + m_2$ のところが太陽の質量のみとなるが，これは惑星の質量が太陽にくらべて十分小さく，太陽が静止していると近似したためである．

8.4 (a) 3 つの質点の運動方程式

$$m\ddot{x}_1 = k(x_2 - x_1),$$
$$m\ddot{x}_2 = -k(x_2 - x_1) + k(x_3 - x_2),$$
$$m\ddot{x}_3 = -k(x_3 - x_2)$$

より，

$$m\ddot{u}_1 = -k(x_3 - x_1) = -ku_1,$$
$$m\ddot{u}_2 = -k(3x_1 - 6x_2 + 3x_3) = -3ku_2.$$

(b) $u_2 = 0$ のとき角振動数 $\omega_1 = \sqrt{k/m}$ の固有振動で，

$$x_1(t) = -x_3(t) = A\sin(\omega_1 t + \phi_0), \quad x_2(t) = 0.$$

$u_1 = 0$ のとき角振動数 $\omega_2 = \sqrt{3k/m}$ の固有振動で，

$$x_1(t) = x_3(t) = -\frac{1}{2}x_2(t) = A\sin(\omega_2 t + \phi_0).$$

ただし，A, ϕ_0 はそれぞれ振幅と初期位相を表す積分定数．

9 章

9.1 点 O のまわりの力のモーメントのつり合いを考えると，糸の張力のモーメントは 0 であるから，重力のモーメントが 0 でなくてはならない．重心 G の位置ベクトルを $\boldsymbol{r}_\mathrm{G}$ とすると $\boldsymbol{r}_\mathrm{G} \times M\boldsymbol{g} = 0$, したがって $\overrightarrow{\mathrm{OG}} = \boldsymbol{r}_\mathrm{G}$ は $\boldsymbol{g}$ と平行な鉛直方向のベクトルであるから，重心 G は点 O の真下にある．なお，剛体を吊す糸は 1 本でも 3 本でも同様である．

9.2 水平方向の力のつり合いより，すべり始めるときに加える力は最大静止摩擦力

$F = \mu_0 Mg$ に等しい．このとき板が倒れないためには，力 F のモーメントが重力のモーメントより小さくなければならないことから，

$$x\mu_0 Mg < \frac{w}{2}Mg, \quad \therefore\ x < x_{\rm c} = \frac{w}{2\mu_0}.$$

$x > x_{\rm c}$ の位置に力 F を加えたとき，板が傾き始めるのは

$$xF > \frac{w}{2}Mg, \quad \therefore\ F > \frac{wMg}{2x}.$$

9.3 板の長さを L，板の下端が床面から受ける垂直抗力を N，摩擦力を R，板の上端が壁から受ける垂直抗力を N'，板の上端に加える鉛直下向きの力を F とすると，鉛直，水平方向の力のつり合い，および板の下端のまわりの力のモーメントのつり合いの式

$$F + Mg = N,$$
$$R = N',$$
$$\frac{L}{2}Mg\cos\theta + LF\cos\theta = LN'\sin\theta$$

より，

$$N = F + Mg, \quad R = N' = \left(F + \frac{1}{2}Mg\right)\frac{1}{\tan\theta}.$$

板がすべらないためには，摩擦力 R が最大静止摩擦力 $\mu_0 N$ 以下であればよいので，

$$\left(F + \frac{1}{2}Mg\right)\frac{1}{\tan\theta} < \mu_0(F + Mg), \quad \therefore\ \tan\theta > \frac{F + \frac{1}{2}Mg}{\mu_0(F + Mg)}.$$

よって，$F = 0$ のとき $\tan\theta > \dfrac{1}{2\mu_0}$．また，いくら力を加えても倒れない条件は，$F \to \infty$ の極限により $\tan\theta > \dfrac{1}{\mu_0}$．

9.4 (a) 点 O を原点として直線 OG に沿って x 軸をとる．半球のうち，範囲 $(x, x + dx)$ の部分は半径 $\sqrt{a^2 - x^2}$ で厚さ dx の円板であるから，その体積は

$$dV = \pi(a^2 - x^2)\,dx.$$

よって重心の x 座標 h は

$$h = \frac{1}{V}\int x\,dV = \frac{\pi}{\frac{2\pi}{3}a^3}\int_0^a x(a^2 - x^2)\,dx = \frac{3}{8}a.$$

(b) 力のつり合いより，剛体は床との接点から鉛直上向きの抗力 Mg を受けるが，この抗力と重力のモーメントがつり合うには，それらの作用線が一致していなくてはならない．したがって，床との接点は重心の真下にあり，傾きの角度 θ は

$$h\sin\theta = a\sin\alpha, \quad \therefore\ \sin\theta = \frac{a}{h}\sin\alpha = \frac{8}{3}\sin\alpha.$$

(c) 傾きの角度を θ とすると，点 O のまわりの力のモーメントのつり合いより

$$Mgh\sin\theta = mgr\cos\theta, \quad \therefore\ \tan\theta = \frac{mr}{Mh} = \frac{8mr}{3Ma}.$$

9.5 頂点を原点として対称軸に沿って z 軸をとる．$(z, z+dz)$ の薄板状領域は半径 $r = \dfrac{a}{h}z$ の円板で，その質量 dM は

$$dM = M\frac{\pi r^2\,dz}{\pi a^2 h/3} = \frac{3Mz^2\,dz}{h^3}$$

であるから，慣性モーメントに対する寄与 dI は

$$dI = r^2\,dM = \frac{3Ma^2z^4\,dz}{h^5}.$$

区間 $0 \le z \le h$ で積分して

$$I = \frac{3Ma^2}{h^5}\int_0^h z^4\,dz = \frac{3}{5}Ma^2.$$

9.6 慣性モーメントは軸方向の厚さによらないので，2 辺の長さが b, c の長方形薄板の，板面に垂直な軸に関する慣性モーメントに等しい．よって垂直軸の定理により

$$I = \frac{1}{12}Mb^2 + \frac{1}{12}Mc^2 = \frac{1}{12}M(b^2+c^2).$$

9.7 球の中心を原点，回転軸を極軸とする極座標で，軸からの角度の範囲が $(\theta, \theta+d\theta)$ の部分は半径 $a\sin\theta$，幅 $a\,d\theta$ の円環であるから，その面積 dS は

$$dS = 2\pi a\sin\theta\cdot a\,d\theta = 2\pi a^2\sin\theta\,d\theta$$

で，質量は

$$dM = M\cdot\frac{dS}{4\pi a^2} = \frac{1}{2}M\sin\theta\,d\theta.$$

よって，この部分の慣性モーメントへの寄与 dI は

$$dI = (a\sin\theta)^2\,dM = \frac{1}{2}Ma^2\sin^3\theta\,d\theta$$

となり，これを球面全体 $(0 \le \theta \le \pi)$ で積分することにより

$$\begin{aligned} I &= \frac{1}{2}Ma^2\int_0^\pi \sin^3\theta\,d\theta \\ &= \frac{1}{2}Ma^2\int_0^\pi \frac{3\sin\theta - \sin 3\theta}{4}\,d\theta = \frac{2}{3}Ma^2. \end{aligned}$$

10 章

10.1 (a) 重心をとおり，辺に平行な軸に関する慣性モーメントは $I_a = \dfrac{1}{12}Ma^2$．よって垂直軸の定理により，重心をとおり，面に垂直な軸に関する慣性モーメント I_{G} は $I_{\mathrm{G}} = 2I_a = \dfrac{1}{6}Ma^2$.

(b) 平行軸の定理により，$I_x = I_{\mathrm{G}} + M\left(\dfrac{a}{\sqrt{2}}\right)^2 = \dfrac{2}{3}Ma^2$.

(c) 角運動量方程式

$$\frac{2}{3}Ma^2\ddot{\theta} = -Mg\frac{a}{\sqrt{2}}\sin\theta \simeq -\frac{1}{\sqrt{2}}Mga\theta$$

より，

$$\ddot{\theta} \simeq \frac{3g}{2\sqrt{2}a}\theta = -\omega^2\theta, \quad ただし \quad \omega = \sqrt{\frac{3g}{2\sqrt{2}\,a}}.$$

$$\therefore\ T = \frac{2\pi}{\omega} = 2\pi\sqrt{\frac{2\sqrt{2}a}{3g}}.$$

10.2 重心をとおる軸に関する慣性モーメントを I_{G} とすると，重心から d_k $(k=1,2)$ 離れた点をとおる軸に関する慣性モーメントは，平行軸の定理により $I_k = I_{\mathrm{G}} + Md_k^2$ である．よって角運動量方程式

$$I_k\ddot{\theta} = -Mgd_k\sin\theta \simeq -Mgd_k\theta$$

より，

$$\frac{Mgd_k}{I_k} = \left(\frac{2\pi}{T_k}\right)^2, \quad \therefore\ I_k = I_{\mathrm{G}} + Md_k^2 = \frac{Mgd_kT_k^2}{(2\pi)^2}.$$

$k=1,2$ についての式から I_{G} を消去して

$$M(d_1^2 - d_2^2) = \frac{Mg}{(2\pi)^2}(d_1T_1^2 - d_2T_2^2), \quad \therefore\ g = \frac{(2\pi)^2(d_1^2 - d_2^2)}{d_1T_1^2 - d_2T_2^2}.$$

10.3 初期状態からのおもりの鉛直下向きの変位を x，おもりを引く糸の張力を T_1，もう一方の糸の張力を T_2 とする．滑車の変位，すなわちばねの伸びは $x/2$ で，滑車の回転の角速度は $\omega = \dot{x}/2a$ であるから，おもりの運動方程式，滑車の鉛直方向の運動方程式，および滑車の角運動量方程式は

$$m\ddot{x} = mg - T_1,$$

$$M\frac{\ddot{x}}{2} = Mg + T_1 + T_2 - \frac{kx}{2},$$

$$\frac{Ma^2}{2}\frac{\ddot{x}}{2a} = a(T_1 - T_2).$$

これらから T_1, T_2 を消去すると，x の従う微分方程式は

$$\left(2m + \frac{3M}{4}\right)\ddot{x} = 2mg + Mg - \frac{kx}{2},$$

$$\therefore\ \ddot{x} = -\frac{2k}{8m+3M}\left(x - \frac{(4m+2M)g}{k}\right) = -\Omega^2(x - x_1),$$

$$ただし \quad x_1 = \frac{(4m+2M)g}{k}, \quad \Omega = \sqrt{\frac{2k}{8m+3M}}.$$

よって $x(t)$ は $x = x_1$ を中心とする角振動数 Ω の単振動で，初期条件を考慮すると，

$$x(t) = \frac{(4m+2M)g}{k}(1 - \cos\Omega t).$$

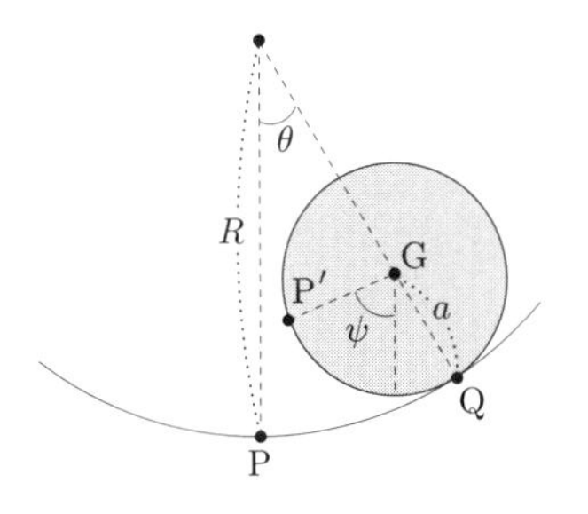

10.4 まず円柱の位置が $\theta = 0$ から θ まで変化する間の円柱の回転角 ψ を求める．円柱が最下点 $(\theta = 0)$ にあるときの円柱側面のパイプとの接点を P とし，円柱が θ の位置まで移動したとき，この点が P′ に移動したとする．この位置での円柱の重心を G，円柱とパイプの接点を Q とすると，円柱側面に沿った弧 $\overset{\frown}{\mathrm{P'Q}}$ の長さがパイプの内壁に沿った弧 $\overset{\frown}{\mathrm{PQ}}$ の長さ $R\theta$ に等しいので $\angle\mathrm{QGP'} = \dfrac{R\theta}{a}$．したがって，円柱の回転角は

$$\psi = \angle\mathrm{QGP'} - \theta = \frac{R-a}{a}\theta$$

となる．円柱の重心は半径 $R-a$ の円軌道に沿って運動するので，円柱がパイプから受ける摩擦力を F とすると，重心の運動方程式は

$$M(R-a)\ddot{\theta} = F - Mg\sin\theta. \quad \cdots ①$$

円柱の中心軸に関する慣性モーメントは $I = \dfrac{1}{2}Ma^2$ であるから，角運動量方程式より

$$I\ddot{\psi} = \frac{1}{2}Ma^2\frac{R-a}{a}\ddot{\theta} = -Fa, \quad \therefore\ \frac{1}{2}M(R-a)\ddot{\theta} = -F. \quad \cdots ②$$

式 ①, ② から F を消去して

$$\frac{3}{2}M(R-a)\ddot{\theta} = -Mg\sin\theta, \quad \therefore\ \ddot{\theta} = -\frac{2g}{3(R-a)}\sin\theta.$$

よって，θ が微小であるとき角振動数 $\omega = \sqrt{\dfrac{2g}{3(R-a)}}$ の単振動となり，その周期は

$$T = \frac{2\pi}{\omega} = 2\pi\sqrt{\frac{3(R-a)}{2g}}.$$

索　引

❐ さ　行

❐ た　行

❒ な　行

❒ は　行

❒ ま　行

❒ や　行

❒ ら　行

❒ わ

著者略歴

在田 謙一郎
ありた けんいちろう

1967年 徳島市に生まれる
1986年 山口県立宇部高等学校卒業
1990年 京都大学理学部卒業
1995年 同大学院 理学研究科 博士課程修了
京都大学基礎物理学研究所研究員，名古屋工業大学助手，同准教授，その間レーゲンスブルク大学理論物理学研究所（ドイツ）客員研究員を経て，
2021年 名古屋工業大学教授
理学博士

専門は原子核理論

2021年11月25日 初 版 発 行

理工系物理学の基礎
力 学

著 者 在田 謙一郎
発行者 山 本 格

発行所 株式会社 培 風 館
東京都千代田区九段南4-3-12・郵便番号102-8260
電 話（03）3262-5256（代表）・振 替 00140-7-44725

三美印刷・牧 製本

PRINTED IN JAPAN

ISBN 978-4-563-02528-1 C3042